版权声明

When A Child Has Been Abused: Towards Psychoanalytic Understanding and Therapy
First published 2019 by Routledge
© 2019 selection and editorial matter, Frances Thomson-Salo and Laura Tognoli Pasquali; individual chapters, the contributors.

The right of Frances Thomson-Salo and Laura Tognoli Pasqual to be identified as the authors of the editorial material, and of the authors for their individual chapters, has been asserted in accordance with sections 77 and 78 of the Copyright, Design and Patents Act 1988.

All Rights Reserved.

Authorized translation from the English language edition published by Routledge, a member of the Taylor & Francis Group.

Copies of this book without a Taylor & Francis sticker on the cover are unauthorized and illegal.

本书原版由Taylor & Francis出版集团旗下Routledge出版公司出版，并经其授权翻译出版。

本书封面贴有Taylor & Francis公司防伪标签，无标签者不得销售。

保留所有权利。非经中国轻工业出版社"万千心理"书面授权，任何人不得以任何方式（包括但不限于电子、机械、手工或其他尚未被发明或应用的技术手段）复印、拍照、扫描、录音、朗读、存储、发表本书中任何部分或本书全部内容，以及其他附带的所有资料（包括但不限于光盘、音频、视频等）。中国轻工业出版社"万千心理"未授权任何机构提供源自本书内容的电子文件阅览、收听或下载服务。如有此类非法行为，查实必究。

When A Child Has Been Abused:
Towards Psychoanalytic Understanding and Therapy

儿童虐待的精神分析理解与治疗

〔澳〕弗朗西斯·汤姆森-萨洛（Frances Thomson-Salo） 主编
〔意〕劳拉·托格诺利·帕斯夸里（Laura Tognoli Pasquali）

一沙心理 ｜ 译

中国轻工业出版社

图书在版编目（CIP）数据

儿童虐待的精神分析理解与治疗／（澳）弗朗西斯·汤姆森-萨洛（Frances Thomson-Salo），（意）劳拉·托格诺利·帕斯夸里（Laura Tognoli Pasquali）主编；一沙心理译．—北京：中国轻工业出版社，2022.10
ISBN 978-7-5184-3962-1

Ⅰ. ①儿… Ⅱ. ①弗… ②劳… ③一… Ⅲ. ①虐待－儿童－精神分析 Ⅳ. ①B844.1

中国版本图书馆CIP数据核字（2022）第067205号

总 策 划：石 铁
策划编辑：刘 雅　　　责任终审：张乃柬　　　责任校对：万 众
责任编辑：刘 雅　　　责任监印：刘志颖

出版发行：中国轻工业出版社（北京东长安街6号，邮编：100740）
印　　刷：三河市鑫金马印装有限公司
经　　销：各地新华书店
版　　次：2022年10月第1版第1次印刷
开　　本：710×1000　1/16　印张：12.5
字　　数：120千字
书　　号：ISBN 978-7-5184-3962-1　定价：56.00元
读者热线：010-65181109，65262933
发行电话：010-85119832　传真：010-85113293
网　　址：http://www.chlip.com.cn　http://www.wqedu.com
电子信箱：1012305542@qq.com
如发现图书残缺请与我社联系调换
210250Y1X101ZYW

译者*的话

这是一个漫长的春天,漫长到花都谢了也没有看见春天的尽头;这也是一段寂寥的沉默,整整六个月的一言不发,心里却只飘出四个字"不可言说"!

弗洛伊德说,"言语最初是魔法,它们如今还保留了许多旧时的魔力";在中国的上古神话中,仓颉造字而"天雨粟,鬼夜哭"……多么希望语言的魔法可以破除天灾人祸给人类带来的所有痛苦,无论是当代的还是代际传递的,无论是眼前的还是童年的,无论是个体的还是群体的。

我们已经开始尝试去言说:有很多的创伤体验展露在个人的自传体小说里或者在咨询师面前;有一些也许在前意识或潜意识的水平,在寻找某些机会言说;而更大的痛苦也许隐藏在不可言说的笼罩之中。

——王建玉

不得不说,翻译这本儿童虐待主题的书需要勇气。我们清楚地知道针对儿童的暴力远比我们想象的更普遍,那些看不见的真实让我们触目惊心,但是不破不立,只有知道发生了什么、看到怎么发生的,才能找到如何改变的方法。感谢看到这本书的你,正和我们一起给现在和未来的儿童一个平安健康快乐

---

* 本书译者均为一沙心理咨询(上海)有限公司成员。

的环境而努力。

——朱智佩

这是一本读起来让人感觉有些沉重的书籍。首次通读此书，这个印象尤为深刻。虐待这个话题本身就是带着沉重、创伤、反抗和无奈等种种复杂的感受，尤其当我们把它放在一个孩子身上时，更让人倍感痛心。这本书中有许多因遭受虐待而深受痛苦和折磨的案例，读起来让人既愤怒又悲痛。生命之所以脆弱是因为有些时候我们在早年无法选择所生长的环境，成年后又无法逃离早年创伤经历的阴影。不管是身体上的虐待、性方面的虐待、心理上的忽视，还是早期养育环境的失败等，这些伤害的更加可怕之处在于，创伤可能会代代传递。被虐待的人在虐待中无形中被塑造成了一个施虐者，悲剧的轮回不断上演。但是这本书的本意断然不是去谴责施虐者，而是让我们有一个机会去接近那些悲剧，理解这些悲剧演变的脉络，能够撕破黑暗，让光照进来，给那些曾经在牢笼中苦苦挣扎的人在阳光下好好生活下去的希望。

——王雪

在临床工作中，作为咨询师也许我们有时能感受咨访关系处于一种窒息的状态，来访者似乎被某种东西困住了，想要挣脱但又无力，他们感到恐惧、内疚，甚至麻木，陷入某种无法挣脱的旋涡之中。也许我们有时也会遇到那些童年时遭受虐待、创伤的人，他们在成年后不断地通过强迫性重复的方式让他人听到来自早年崩溃的"声音"。

作为咨询师，当我们与那些早年遭受过虐待、创伤的来访者工作时，我们不得不直面这些惨痛的经历，试图理解它们，继而处理它们。我们太需要更多的理论和临床实践来支持我们应对这些难以处理的创伤性体验了。这本书也许就是能够帮助我们的工具之一。

——范丽敏

译者的话

我很感谢有机会参与本书的翻译。这个过程并不容易，不仅仅是因为语言转化的困难，更多的是本书的主题所引发的感受。当我读到这些孩子被虐待（包括暴力、语言、忽视）的遭遇时，我感到非常震惊、心痛，同时也感到无力。作为一位心理咨询师，我无法想象要如何为这样的孩子提供帮助。这些创伤的深远影响是难以预估的，让我望而却步。我十分敬佩与这些孩子工作的分析师和社工团队，要如此近距离地面对创伤需要极大的勇气。他们的坚持不懈，以及他们在深受情绪困扰下相互支持的团队工作方式，让我非常感动。这或许给我们如何帮助这些群体提供了一些参考和借鉴。

——陈海宙

有句富有哲思的话被广为流传——你最恐惧的是恐惧本身。我们如果用心理学的视角审视这句话，会发现事情并没那么简单。我们最恐惧的可能并不是恐惧本身，而是与恐惧相关的现实，即那些造成恐惧的人与环境。创伤发生的时候如此真实，却又很快地化为鬼魅，而后与人如影随形，难以摆脱。对有些人来说，认清创伤如同背叛；对另一些人来说，认清创伤如同鼓起勇气冲向一架风车，提起剑斩向无实体的鬼。因此，我们如果要疗愈创伤，就需要学习专业的知识。创伤意味着看到人的脆弱性和劣根性，而知识是人类可汲取的力量之泉。希望当你看到这本书的时候，能够增添面对创伤的勇气，你至少可以想到，在远方，也在周边，有一群人在坚持为疗愈创伤而努力着。

——邓伟光

初受翻译工作时，激动和焦虑一同扑面而来，很嗨！随之又被本书的标题及涉及的内容拽至谷底。随着正式开始走进书中的章节，跟随作者的笔触，体会作者描述的场景，理解作者的分析，再通过中文文字表达出来，心绪地图便如同原书的封面图案，剪不断理也乱。但是在审稿人和各位译者的反复修订和整理下，渐渐清晰，像极了心理治疗的修通过程。

就如那句大家熟知的话"幸福的童年可以治愈一生,不幸的童年要用一生来治愈"。童年是人生旅途的始发站,是很重要的一站,若如一个孩子在童年便受到虐待,如本书的英文原书名"当一个孩子被虐待",他或她的未来人生旅途可能会更加艰难。幸好有一批心理工作者兢兢业业地在助人领域努力工作,愿本书能陪伴耕耘在此领域内的人一起取暖。

——陈逸云

本书的观点具有讨论性,有些是实验性的记录和探索,这不是一个经常被讨论的话题。也许本书并不足以解决问题,或者提供作为手册照章使用,但它至少是一束照向阴影的光,让大家在积极向前的同时,看到灯下黑的地方。有人说屈从于命运的人,跟着命运走;抗争于命运的人,被命运拖着走。无论是积极抗争抑或消极忍耐,当你看到它的那一刻,它便不再是黑暗中揪着人的命运,他就改变了。

——范艳韵

关 于 本 书

这本书意义重大，内容涵盖广泛，它探讨了被虐待或被忽视的儿童和年轻人的世界。本书试图探索并了解他们的世界，减轻他们遭受的痛苦，并疗愈其因虐待留下的创伤。

我们探索虐待如何总是发生在关系的背景下，同时涉及导致儿童或青少年遭受难以承受的创伤的权力滥用。虐待会唤起人们强烈的反移情，这会影响临床干预，尤其当他们与难以启齿的病耻感做斗争时。儿童被虐待议题的难以触及和处理，与无意识的因素有关，即无意识中的一些因素通过将围绕虐待相关的情感区域冻结（或通过屏蔽人格区域）使某些想法无法被思考。

对于那些感觉自己受到虐待的儿童，本书介绍了能帮助他们的传统方法和新兴方法，同时本书提供了个人治疗的建议，并描述了对难民儿童进行的成功工作。本书还让我们得以一窥儿童精神分析学家对那些觉得被父母讨厌的孩子的解读和处理方式。

弗朗西斯·汤姆森－萨洛（Frances Thomson-Salo）是澳大利亚墨尔本皇家妇女医院妇女心理健康中心（Centre for Women's Mental Health at the Royal Women's Hospital）的副教授和顾问，婴儿心理健康临床医生，墨尔本大学精神病学系名誉首席研究员，墨尔本大学研究生讲师，澳大利亚婴儿和父母心理健康硕士。

劳拉·托格诺利·帕斯夸里（Laura Tognoli Pasquali）是国际精神分析协会妇女与精神分析委员会会员，曾在意大利精神分析学会担任培训师和督导分析师。

关于主编及作者

主编

弗朗西斯·汤姆森-萨洛(Frances Thomson-Salo),助理教授,曾在英国接受过成人和儿童精神分析的培训,是英国精神分析学会和澳大利亚精神分析学会的会员,澳大利亚精神分析学会前主席。她是一名受训分析师,并于2009—2015年间担任国际精神分析师协会妇女与精神分析委员会主席。她是卡纳克(Karnac)出版社"精神分析与女性"(Psychoanalysis and Women)丛书的编辑,也是《国际精神分析杂志》(*International Journal of Psychoanalysis*)的编辑委员会成员。

劳拉·托格诺利·帕斯夸里(Laura Tognoli Pasquali)在意大利获得医学学位后不久就移居英国,她在英国不同的医院和社区担任精神科医生。由于她的工作主要在团体中,因此她对团体动力非常感兴趣,这是她在精神分析执业生涯中发展出来的兴趣。她曾在英国精神分析学会的克莱因团体接受精神分析培训,并于1976年获得分析师资格。回到意大利后,她主要是个人执业,并成为意大利精神分析学会的培训师和督导分析师。她写过数篇论文,有部分已经发表,部分用在意大利、德国和美国的讲座中。她现在居住在一个小渔村,喜欢种植花草。照顾植物加深了她对教学的热爱,升华了对临床工作的理解;通过为脆弱的嫩芽找到最佳的生存环境,她思考、探索和想象人类的基本需求和欲望。她喜欢自己的临床工作,在工作中治疗了许多女性,探索她们的一生经历。因此,她非常高兴成为妇女与精神分析委员会的会员。

作者

斯蒂法诺·博马尔斯（Stefano Bomarsi）是一名精神科医生和精神分析师，也是意大利精神分析学会的成员。

艾玛·布伦曼·皮克（Irma Brenman Pick）于1955年从南非来到伦敦。她最先在塔维斯托克临床中心（诊所）接受儿童心理治疗师的培训，然后在英国精神分析研究所接受成人和儿童分析师的培训。她现在是英国协会的杰出研究员和培训分析师，也是该协会的前任主席。她发表的论文包括《关于青春期》（*On adolescence*）、《在反移情中修通》（*Working through in the countertransference*）和《关注：虚假和真实》（*Concern: spurious and real*），都发表在《国际精神分析杂志》上。她与已故的丈夫埃里克·布伦曼（Eric Brenman）一起在国外有过很多教学活动。

路易斯·乔治·马丁·卡布雷（Luis Jorge Martin Cabré）是西班牙马德里精神分析协会（Psychoanalytic Association of Madrid，APM）的正式成员，儿童与青少年精神分析的培训师和督导分析师。他是西班牙儿童与青少年精神病学和心理治疗学会的会员，心身医学研究学会的会员和国际精神分析史协会的准会员。他是国际桑多尔·费伦齐基金会的创始成员，《国际精神分析杂志》欧洲编辑委员会的成员。1991—1995年间，他是APM执行董事的成员；1994—1998年间为《APM精神分析杂志》（*Revista de Psicoanálisis de la APM*）编辑委员会成员。

玛丽亚·皮亚·柯蒂（Maria Pia Conte），精神科医生和精神分析师，意大利精神分析学会正式会员，以及英国精神分析学会客座会员。她是促进社会理解组织（An Organisation for Promoting Understanding Society，OPUS）和团体文化科学研究协会（IL Nodo Group）的成员。

卡罗拉·德尔·法韦罗（Carola Del Favero）是一位心理学家和心理治疗师，也是意大利精神分析学会的候选人。她是心理治疗与人文科学小组（Psicoterapia e Scienze Umane）的成员。她在热那亚精神分析中心（Centro Psicoanalitico di Genova）和热那亚心理治疗培训学校领导临床培训小组。她在私人诊所工作，为成人和儿童提供服务，并在幼儿园担任培训师、顾问和主管。

玛丽安·洛伊辛格-博勒伯（Marianne Leuzinger-Bohleber）是德国卡塞尔大学精神分析专业的终身教授，法兰克福的西格蒙德·弗洛伊德研究所所长，德国精神分析协会培训分析师，瑞士精神分析协会会员。她的主要研究领域包括精神分析的临床和泛临床研究、发展研究，以及精神分析与具身认知科学、教育科学和德国文学之间的跨学科对话。她于2016年获得"西格妮奖"。

克里斯蒂娜·玛吉亚（Cristina Maggia）1978年在意大利米兰大学获得法律学位。她开始在一家著名的律师事务所担任律师，然后于1981年成为一名法官，在米兰刑事法庭工作，负责调查有组织的犯罪案件，直到1993年她搬到热那亚。在这里，她成为热那亚少年法庭的法官。自2012年以来，她一直担任热那亚少年法庭办公室主任。在2014年11月，她被选为意大利少年和家庭法院法官协会（the Italian Association of Juvenile and Family Court Judges）的副主席。

马里·A. 曼（Mali A. Mann）是美国旧金山精神分析中心的教员、培训师和督导分析师和儿童（精神分析）督导师。她是儿童青少年精神分析委员会/国际精神分析协会（Committee on Child and Adolescent Psychoanalysis / International Psychoanalytic Association）的北美联合主席，也是儿童虐待与预防委员会/国际精神分析协会（Child Abuse and Prevention / International Psychoanalytic Association）的主席。她是斯坦福大学医学中心精神病学和行为科学系临床教授、客座教授，兼任临床委员会副主席和斯坦福大学儿童精神病学系讲师。她在湾区提供精神分析课程和演讲。A.曼撰写了多篇精神分析论文、书评、书籍章节和诗歌。她的书《辅助生殖技术的精神分析》（*Psychoanalytic Aspects of Assisted Reproductive Technology*）由卡纳克出版。该书获得了"巅峰图书成就奖"（Pinnacle Book Achievement Award）和"国际图书奖"（International Book Award），并入围了2016年的"博客瓦娜奖"（Bookvana Awards）的决赛。她的创作主要是诗歌和非小说类作品。自2013年以来，她一直是"飞马医师作家"（Pegasus Physician Writers）的成员。她目前正在创作诗歌集，并发现诗歌与绘画之间的联系令人鼓舞。她在艺术创作上的洞察力也通过绘画表现了出来。在过去的20年里，她是"飞行医生"（Flying Doctors）的成员，她志愿帮助墨西哥孤儿院的工作人员，并在诊所治疗患者。

玛丽亚·纳卡里·卡利齐（Maria Naccari Carlizzi），儿童精神科医生和精神分析师，意大利精神分析学会和国际精神分析协会的正式会员，儿童和青少年专家，意大利热那亚大学婴儿和青少年神经精神病学的客座教授。她就家庭事务、虐待和虐待类事件向热那亚的民事和刑事法院提供咨询。她在私人诊所与儿童、青少年、成人和伴侣一起工作，并领导与医疗保健专业人员的工作讨论小组。她热衷于将临床工作与研究相结合，深入参与儿童、青少年和伴侣的情感发展。

基亚拉·纳波利（Chiara Napoli）是一位在那不勒斯工作的精神科医生和精神分析师。

艾丽莎·爱丽丝·佩莱拉诺（Elisa Alice Pellerano），1974年出生于热那亚，毕业于心理学专业，专攻临床心理学。从2002年起，她在热那亚的私人诊所担任心理学家和心理治疗师。她还参与了一个帮助热那亚囚犯的项目，为他们提供团体工作坊作为支持工具。后来她在心理健康和成瘾中心担任心理治疗师。她还为医院做了防止医护人员倦怠的培训，其中都是护理儿童和成人的护理人员，使用的是团体咨询的形式。2017年，她成为意大利精神分析学会和国际精神分析协会的会员。

伊凡娜·波佐利（Ivana Pozzoli），1972年毕业于医学专业，并于1977年获得精神病学博士学位。1974年，她开始与年轻的精神病患者和智障患者一起工作，他们每天都在一个开放的社区与护理人员、护士和心理学家一起度过。然后，她在热那亚科戈莱托（Cogoleto）精神病院的青少年科工作。1979年，她转到热那亚夸多的精神病院工作，担任成人科副主任。1981年，她有机会在医院环境之外工作，转而在公共精神服务中执业。她在那里工作了13年，负责两个工作组中的一个，她还为年轻的精神病患者建立了一个日间医院服务，并领导了多年的治疗小组。1993年，她离开了公共部门的工作，开始在私人诊所担任精神分析师。自2011年以来，她一直是意大利精神分析学会和国际精神分析协会的正式会员。

安娜·玛丽亚·里索（Anna Maria Risso）是一名精神科医生和精神分析师，意大利精神分析学会正式会员，曾任热那亚大学临床心理学教授。她一直在医学院和精神病学系从事教学工作，非常活跃，并在妇产科医生、儿科医生和护士以及肿瘤内科学校任教。她在意大利精神病学和精神分析心理治疗的主要期刊上发表了许多关于群体功能和原初心理功能的论文。她一直是重大国家会议和国际会议的演讲者、主席和讨论者，并曾担任热那亚精神分析中心的主席。

雷娜塔·里齐泰利（Renata Rizzitelli）是一名心理学家、心理治疗师，也是意大利精神分析学会儿童和青少年分析方面的正式会员和专家。她在热那亚的一所私人诊所工作，为儿童、青少年、成年人和伴侣提供专业服务。她也为民事法庭就家庭事务提供咨询，为刑事法庭就施虐者和虐待受害者的调查提供咨询。依托热那亚大学，她设计并组织了由热那亚精神分析中心的精神分析师组成的、为心理学课程的学生举办的讲习班。近年来，她也一直在进行精神分析工作。她在民事法庭、合法分居诉讼和刑事法庭担任顾问多年，并负责评估施虐者和虐待受害者遭受的伤害。

乔迪·萨拉（Jordi Sala）是西班牙精神分析学会的培训分析师，在私人诊所工作，也在巴塞罗那为儿童和青少年提供公共心理健康服务。他是《欧洲精神分析联合会公报》（*European Psychoanalytical Federation Bulletin*）（2004—2008）的前总编辑，是《加泰罗尼亚精神分析评论》（*Catalan review of psychoanalysis*）（2004—2014）和《儿童焦点精神分析心理治疗》（*Focal psychoanalytic psychotherapy with children*）（2009）的前编辑。

马西莫·维吉娜·塔格利安蒂（Massimo Vigna Taglianti）是医学博士和儿童神经精神病学家。他是意大利精神分析学会和国际精神分析协会的正式会员，意大利精神分析学会的培训与督导分析师和科学主席。他是意大利奥斯塔大学儿童和成人精神病学的客座教授,他还在私人执业中担任儿童、青少年和成人的精神分析师。他对临床工作和关于移情与反移情动力的写作特别感兴趣,尤其是角色反转现象,以及精神分析中行动和游戏的意义。

约翰·伍兹(John Woods)是一位在伦敦工作的心理治疗师。

杰玛·宗蒂尼(Gemma Zontini)是一名在意大利那不勒斯工作的精神科医生和精神分析师。

致　谢

感谢患者允许我们使用他们的材料,以及对这些材料进行适当的加工与整合。

感谢《儿童心理治疗杂志》(*Journal of Child Psychotherapy*)允许我们使用约翰·伍兹(John Woods, 2016)的论文,这篇论文发表在《儿童心理治疗杂志》42(3): 318–27。

还要感谢国际精神分析协会一直以来对妇女与精神分析委员会的工作的支持,感谢出版商卡纳克以及对本书做出如此慷慨贡献的作者们。

原著丛书主编前言

弗朗西斯·汤姆森-萨洛

作为国际精神分析协会妇女与精神分析委员会的前任总主席，我很高兴这本书被收录在不断扩展的卡纳克出版的"精神分析与女性"丛书中，该书对当前在该领域的理解进行了修订。1998年，奥托·科恩伯格（Otto Kernberg）在其担任国际精神分析协会主席期间，成立了妇女与精神分析委员会，为探索与女性问题相关的主题提供框架，琼·拉菲尔-勒夫（Joan Raphael-Leff）担任创始主席。妇女与精神分析委员会的一个特点是，它一直热衷于与其他组织互动，探讨不同观点，并进行互惠讨论。在2001年，委员会的关注点转向更广泛地探索女性和男性之间的关系，现在则更广泛地探索不同的性别议题。

本书的内容从2016年在热那亚附近的内尔维（Nervi）举行的关于受虐儿童的会议发言内容为基础。内尔维是一个古老文化的发源地，在数百年里孕育了无数人的生命。在这个会议上，演讲者以某种令人尊敬的方式深化了讨论，让这里越发让人尊重。这些文章从深度和广度两个方面，提供了充满创造性和科学性的话题。写作工作往往是令人感到回味无穷和有力量的，随着精神分析的思想和工作变得更加复杂，我们对分析过程的理解加深了，在理解这个领域上也有了更深的认识，我们希望这反过来又能引发新的整合性治疗方式。

感谢我亲爱的会议组织搭档——劳拉·托格诺利·帕斯夸里，没有她这次会议就不会举行，这本书也不会出版，当我问她是否愿意接受挑战时，她几乎没有犹豫就答应了。

最后，感谢国际精神分析协会在妇女与精神分析委员会工作中的持续帮助，特别是斯蒂法诺·博洛尼尼（Stefano Bolognini），感谢国际精神分析协会坚定不移的支持。

目　录

导言……………………………………………………………………………………1

第一部分　临床实践 / 7

第1章　对儿童虐待的理解…………………………………………………9
第2章　关于乔迪·萨拉论文的讨论………………………………………21
第3章　儿童虐待像是语言的混乱…………………………………………25
第4章　托德：一个处于潜伏期的自伤男孩的案例分析…………………33
第5章　受虐儿童——一个无止境的、悲伤的故事………………………49
第6章　施虐者的形成………………………………………………………63
第7章　迷失的孩子…………………………………………………………75
第8章　当一些该发生的事情没有发生时…………………………………89
第9章　愿你的坚强和你最终的拒绝一样锋利！…………………………101

第二部分　防止照料系统枯竭 / 113

第10章　都在一条船上………………………………………………………115
第11章　受虐儿童……………………………………………………………125
第12章　"我赤身裸体，而不仅仅是赤手空拳！"…………………………131
第13章　受虐儿童、照料人员和精神分析师——来自团体的声音………137

第14章 痛苦怎么了 ……………………………………………………… 153

第15章 小组感到害怕也令人害怕 ……………………………………… 161

第三部分　法律方面 / 169

第16章 保护儿童和评估证据 …………………………………………… 171

导　言

弗朗西斯·汤姆森-萨洛

我和劳拉·托格诺利·帕斯夸里都在英国精神分析学会接受过培训，我们现在正在合作，试图减轻被虐待儿童痛苦的羞耻感和孤独感，（让他们）讲述往往令人难以启齿的事情，这是国际精神分析协会为理解和减轻世界各地的痛苦所做的贡献。我们承认，我们受益于许多前人，他们已将自己的理解带给这些孩子们（Heineman, 1998）。

我们感谢作者们，他们让我们有幸在如此困难的情况下分享他们的工作，并发表了富有思想的论文，帮助我们开始思考如何帮助所有有关的人——儿童、父母与家庭、治疗师、社会，以及那些虐待儿童的人。当他们努力继续过自己的生活时，他们与那些受到虐待的人没有什么区别。

我们关心的是深入理解一个人如何变得虐待他人，如何开始短期干预以支持长期进程，以及如何支持更广泛的家庭系统和其他系统。我们寻求答案，以理解那些没有受益于文化中的最佳指导而无法规划生活的人。（希望这些答案）能使儿童不会经常在孤独和痛苦中感到被遗弃。我们希望能更加理解如何提供帮助来满足他们的这些需要，并支持那些在生活中曾遭受过虐待的脆弱的儿童和青少年群体。当一束光照射到虐待这个领域的时候，它就会让其他虐待的例子暴露在阳光下。为此，国际精神分析协会希望对虐待的精神分析理解做出一份贡献，并希望这些论文有助于我们对此获得进一步的理解。

作为妇女与精神分析委员会主席，我主持了一个关于预防虐待儿童问题的委员间会议。在波士顿国际精神分析协会,下列六个委员会的主席及其委员于2015年7月21日抽出了一天时间,就定义和干预措施开展了工作:儿童青少年精神分析委员会、精神分析和法律委员会、世界卫生组织委员会、联合国委员会、家庭与伴侣精神分析委员会,以及妇女与精神分析委员会。此会议是在召开委员间会议前决定的,本书中的论文则是从2015年的这次会议中选取的。我们非常希望今后能继续合作。我引用凯瑞·凯莉·诺维克(Kerry Kelly Novick)为波士顿国际精神分析协会大会关于儿童虐待的委员间会议(2015年7月21日)准备的会议记录,如下。

相关的精神分析性观点是:

- 虐待是代际传递的。
- 虐待通常植根于早期的互动和依恋模式。
- 虐待总是涉及权力的滥用,导致难以承受的创伤。精神分析学家可以使用关于创伤的历史文献和不断发展的文献来理解创伤。
- 虐待是一种主观的、内在的体验,根据创伤的定义,它是内在的,无论其压倒性的来源是什么。
- 虐待总是发生在关系的背景下。
- 发展的观点是必不可少的,因为虐待的后果是长期的。
- 虐待总是暗示着婴幼儿性行为,无论是直接或是通过施受虐关系,以及当它采取暴力的、攻击性的形式时。
- 增加对复原力的了解和关注是富有成效的。
- 与为人父母的发展阶段直接相关的就是把儿童的需要和最大利益放在首位,而虐待则意味着利用儿童满足成人的需要。
- 虐待会引起强烈的反移情,从而影响干预措施。
- 接受、解决和改变儿童虐待的困难与无意识因素有关,这些因素使得各方面的困难都难以想象。而精神分析师了解无意识。
- 虐待的多维性与一维视角形成对比,且涉及基本的精神分析立场。

讨论中的其他观点包括以下几点：

- 我们总是谈到三个方面：身体、内在生活、与世界和他人的互动。谈到自体的所有权，而不仅仅是身体，表达更大的复杂性。
- 培训相关专业人员对传播主要理念至关重要，比如婴幼儿性行为（从生殖器性行为扩展而成的模式）。
- 父母团体在发展的许多水平上都是有帮助的。

评估工具应包括投射性元素，以理解难以被意识到的衍生物，但这种工具必须被设计得可靠和有效。

我们注意到，在绝大多数社会中，关于儿童虐待的意识已经在国际文化中发生了演变，我们认为这与对儿童价值的重视有关。尽管如此，在承认和支持儿童人格的行动中，承认他们作为个体的内在价值方面，国际间仍然存在着广泛的差异。我们注意到，很难解释统计数据中发生率增加的现象，因为报告受到社会、态度和法律变化的影响。然而，有一个普遍的感觉是，许多国家的成年人的内部紧张感在递增，这可能与现代社会日益增加的无力感体验有关，尽管矛盾的是也更为自由了，这可能反映了第一世界国家虐待数量的实际变化。

书中的论文，虽然初看似乎很狭隘，但阐述了多方的观点和想法，而且及时地探讨了虐待和虐待引发的隐含动力；需要区分虐待类型和累积创伤的长期影响；提醒人们性行为在身心两方面都存在，以及随之而来的对儿童的不同负担。这些问题包括，不得不处理"我是不是只要允许自己被虐待就够了"这个存在主义问题中所包含的内疚、不公平、仇恨、羞耻和无价值感，以及幼儿的角色转换，他们可能在某种程度上必须为成年人行事，并帮助他们控制自己的性表达。我们如何帮助儿童认识到虐待和忽视不应该发生，并在反对虐待和忽视的力量往往很弱的情况下仍保持希望？

这些章节呈现了许多对反移情反应的深刻感受。阐述了治疗师在体验、处理和分享反移情经验方面所面临的挑战，包括重复遭遇施虐者，不得不亲自面对施虐者的受害者动力，以及在认识到仇恨和攻击是为了在丧失和脆弱中生存的同时，存在认同儿童受害者身份的风险。作为精神分析学家，我们的治疗方法允许我们接近受害者或犯罪者，这种接近可能是独一无二的，因为我们无法回避这些经历，我们需要解决它们，并试图理解它们。我们从精神分析治疗（以及反移情）、对犯罪者的理解和治疗中，以及从给幸存者和受难者带来的、通常是终身的后果中，来获得这种理解。当然，许多内容仍未涵盖，例如对患有恋童癖的青少年或成年人的性别分析（Wood，2017），以及大部分虐待（是合谋的）所针对的对象。现在我们来概述这些章节的架构。

章 节 架 构

乔迪·萨拉首先提出了一个理解儿童虐待的整体方法，并用临床片段说明了忽视和可能的性虐待。他的章节被来自英国精神分析学会的艾玛·布伦曼·皮克讨论过，并且她用了一个较长的案例片段来阐述，该案例中有一个成年患者似乎在儿童时期受过虐待。路易斯·乔治·马丁·卡布雷讨论了费伦齐（Ferenczi）的概念，特别是他关于"语言的混乱"的概念，以及当一个孩子不被倾听和他的经历被否定时，他是多么的痛苦；婴儿越小，这些经验就越混乱和难以被理解。虽然乔迪·萨拉的章节似乎强调了母亲在无边界诱惑中的作用，但是这个主题在整本书的不同章节都被提及，包括杰玛·宗蒂尼，在大多数的性虐待案例片段描述中，施虐者是男性。

然后，重点转向如何帮助感到被利用和被虐待的儿童，以及需要更多地了解帮助这些儿童的不同方式。马里·曼是新成立的国际精神分析协会儿童虐待问题委员会间主席，他给出了详细的案例研究——针对一个感到被遗弃的男孩，而不是一个被主动忽视或身体虐待的男孩。马里·曼给出了这个案例的材料，并进行了广泛的讨论，例如，当一个孩子出现在他们的咨询室时，分析师可能会怎样评估，以便读者能够以一种不加修饰的方式看到孩子和分析师的工作。接下来是玛丽安·洛伊辛格-博勒伯关于精神分析危机干预工作的一章，涉及受到创伤的难民，特别是儿童和青少年，其中许多人在难民逃亡期间遭到多重身体和性虐待。这是许多受精神分析启发的计划之一，目的是理解和帮助遭受痛苦的儿童。这章讨论了对该团体工作的具体挑战和治疗技术，并介绍了德国目前的工作，关于如何改善当前难民危机中儿童正在遭受的创伤，尤其是西格蒙德·弗洛伊德研究所和玛丽安·洛伊辛格-博勒伯对在作为难民的艰难处境中被虐待的儿童所做的精神分析实践。

约翰·伍兹在他的章节中仔细研究了一个孩子如何尝试处理被虐待（可能是性虐待）的创伤，又如何反过来成为一个施虐者；在劳拉·托格诺利·帕斯夸里的章节中也有一些这样的元素，在那里她的患者很可能在儿童时期遭受过性虐待。这些文章被认为很好地代表了受虐者与施虐者混乱和令人困惑的身份。伍兹的文章强调，分析师也迟早会成为移情中的施虐者，因而应该意识到这种痛苦。在劳拉·托格诺利·帕斯夸里的章节中，以及约翰·伍兹的章节中，只有在移情中再次体验虐待才有可能完全接触到它，这就引出了一个问题，即我们可能太少关注我们的工作带来的情感压力，因为本应被我们帮助的人会视我们为施虐者。在托格诺利·帕斯夸里的章节中，她以一个令人特别心酸的结尾提到了一个孩子受到的虐待，这个孩子并没有受到身体或性的虐待，但是他对于他的父母来说并不存在，因此对于他自己来说也不存在。马西莫·维吉娜·塔格利安蒂选择了这个话题，即父母不想要的孩子或被父母抛弃的孩子，其与杰玛·宗蒂尼一起，用研究从小被忽视的成年人的材料来说明这个问题。

玛丽安·洛伊辛格-博勒伯提到了照料难民儿童的工作人员所承受的压力，她在第10章返回这个议题及热那亚的精神分析学家正在做的工作，为更广泛的照料系统伸出援手并提供团体工作的机会。第10—15章涉及如何保护照料系统，防止员工工作倦怠，并通过多种声音生动地表达分析师在社会不同群体中所承受的压力。第16章从负责保护儿童和评估证据的法官的角度论述法律方面的问题，尽管它是从意大利的模式出发，但它可能有许多广泛适用的要点。

与此同时，我们意识到，我们没有在精神分析或精神分析治疗中直接看到许多最恶劣的环境问题，因此可能很容易消除儿童性虐待或受环境影响的儿童所遭受的虐待，或出生时就受毒品影响或迅速受到毒品影响的儿童所遭受的那种虐待。他们的母亲在生活中似乎多次受到虐待，这很可能是一种代际间的遗传，而工作人员的倦怠是一种可传递下去的虐待。在《兰明顿人中的强奸》（*Rape Among the Lamington*, 2017）一书中，安妮·曼（Anne Manne）在对澳大利亚虐待儿童委员会的描述里清楚地传达了如此之多的暴行，以至于人们无法逃避对暴行的恐惧。

只有与来自不同工作场所和国家的人接触并相互讨论，我们才能改善儿童的生活，才能开展防止虐待的工作。一场接一场的会议和随之而来的分享有助于控制所承载的情感负担。

我个人对劳拉·托格诺利·帕斯夸里组织这次会议表示感谢。我想当你读到她的章节时，你可能会同意，那个年轻人可以找到她，因为他知道她可以听到他童年时代的成年人所听不到的东西。

参 考 文 献

Heineman, T. V. (1998). *The Abused Child: Psychodynamic Understanding and Treatment*. New York: Guildford Press.

Wood, H. (2017). Paedophilia, or Paedophilic Breakdown? The Impetus to Seek Illegal Images Online. Presented at Psychoanalysis in the Techno-Culture Age: Challenges of the Black Mirror Conference, Melbourne Brain Centre, Parkville, Melbourne, 20 May.

第一部分

临床实践

第1章 对儿童虐待的理解

乔迪·萨拉

我称不上是研究儿童虐待领域的专家，在此，我仅能从临床和精神分析角度提供一些我对该问题的看法，也许可以成为帮助我们接近由不当对待和虐待所触发的隐性动力的众多可能性框架之一。克莱因有个为我们所熟知的观点：婴儿呱呱坠地后便有了对"食物、爱和理解"的需求（Klein，1946，1959），心智得以健全发展，但是我们知道这些（"食物、爱和理解"）并不是每个人都能够获得的。

我们假设心智的形成是婴儿和母亲相遇的结果。我们也知道，这些生命中最初邂逅的情形非常复杂，初生的心智（nascent mind）逐渐萌芽，逐步分化，异于他人。我们假设这个过程中的第一步是通过与母亲的物质和精神的接触来完成的，而身/心未与他人（母亲）建立联结的部分则会结合在一起，逐渐形成更有条理的身/心自体（body/mind self；Bick，1986；Gaddini，1981；Stern，1985），而其中的边界则有着重要的心理学意义。但是与原初客体的接触可能或多或少是足够好的或有伤害的。让我们从一开始就思考，不当对待和虐待代表着忽视孩子需求的"一类接触"，也就是一种侵犯身/心自体边界的接触。考虑到这一点，脑海中不可避免地会浮现出创伤及其影响和动力。

因此，接触是一种非常敏感的行为，它有能力触发感受、调节情绪和幻想，以及建立关系，借此来形成或（可能）损坏一个人的心智。在此，我想引用圣奥尔德（Shengold，1992）对"心灵杀手"典型表现的描述：通过引诱、过度刺激、残害、漠视和忽略，有意损害儿童的身份独立、生活乐趣和爱的能力。在儿童虐待中，接触通常被用来满足成人的性欲倒错，或用来将成人的焦虑暴力地放入儿童体内以平息它们。

根据比昂（Bion，1962a，1962b）的观点，我们预设婴儿与生俱来抱有一种外界总能满足他们需求的美好期待，我们假设当婴儿的这种期待通过与母亲良好互动的体验而得到满足时，这种体验就成为核心自体的关键部分，因此也是整个健全人格的核心部分。自体与它的好客体围绕着重复的和可预期的经验凝聚在一起。当然，这也可以用其他方式来描述，例如，照料人员充分共感（sharing）婴儿的内在体验（和期望），使婴儿感到被理解，增进其安全感和依恋感，而防止产生疏离感和孤独感（Stern，1985）。

然而，如果在现实中存在坏客体带来的暴力和破坏性体验，婴儿的期望没有（好的）实现，甚至即便没有以挫败或剥夺的形式来实现，而只是"反实现"（counter-realisation），可以说，婴儿也是非常受打击的。难以理解的强烈"东西"侵入孩子的身体/自体，颠覆了自然结构。在自然结构中，孩子对投射的需求大部分可以被容纳和转化。根据比昂（Bion，1962a）的说法，随着容纳功能的逆转，"思维装置的发展受到了干扰，取而代之的是一种过度膨胀的（精神器官）发展……一种用来清除心灵中坏的内在客体（β元素）的堆积物的装置"（pp. 306-310）。

在受虐待的情况下，儿童的需求和期望得不到适当的满足。取而代之是具有创伤性质的躯体感觉入侵，无法概念化、无以言表的内在或人际对话很可能使自体结构受到了严重损害，要么以碎片化、思维混乱、情感障碍、难以控制的焦虑等形式表现出来，要么常常促使（受虐者）使用解离和大量未被注意的攻击来呈现。这些都真真切切地发生在所有受虐待儿童中，不论他们遭受的是身体的、情感的还是性的虐待。戴维斯和弗劳利（Davies & Frawley，1992）从他们自己和其他人对儿童虐待的后果的研究中证实，童年创伤与解离状态之间形成反复关联，尤其是在受到躯体和性创伤（的儿童中）。作者认为，在这种情况下，解离作为一种心智组织使得创伤性记忆从联想的可及性中分离出来形成意识思维，意识思维与其他有意识的自我状态（ego states）交替出现，而不是被压抑和遗忘。在无法逃脱或对抗虐待者时，解离成为这些无力反抗的孩子唯一的生存手段，一名非常年幼的儿童性虐待受害者用成人的方式生动地表达了这一点："在被强奸时，我感觉我离开了自己的身体，飘到了天花板……离开了房间"（Rhodes，2016，p. 28）。

我们假设对身体赋予意义至关重要。先举两个例子：

1. 在孩子的心智中，受到不良刺激时可能会产生幻想，他们会感觉到自己要么不被需要或不被爱，要么在他人眼里没有或很少有价值。
2. 在混乱无序的接触经历中，婴儿在身体受到暴力侵害时，会产生一种信念：在一个（表征的）层面上，他们是无价值的或者是坏的。但是更令人感到不安的是，在更深的层面上可能会产生暴力的、碎片化的、混乱无序的心理，这种（心理）后来可能会与攻击者认同联系在一起。这点我会在后文中借克里斯汀的经历来加以阐述。

借由这两个例子我想说明的是，孩子生命最初的意义来自和照料人员的互动，成年人在身体和心理上都为孩子的生存提供了意义。在这方面，值得一提的是，拉普朗什的"诱惑理论（seduction theory）"中关于婴儿和照料人员之间的不对称后果的观点。这一观点指出，在婴儿和照料人员之间，性的信息总是来源于成年人，基于此我们应该能理解自体的基本时刻来自他人（母亲）在婴儿身上的（性或力比多）投注（Laplanche，1997）。但是，我们希望母亲或成人能够将自己的性投注和幻想与孩子对爱和尊重的需求区分开。

但是，当孩子受到成年人的幻想冲击时会出现什么情况呢？产生幻想和将其付诸行动之间有什么区别？虐待会在孩子身上引发什么样的幻想？在这里，我们想到了各种严重的后果，例如造成成人与儿童、内在世界与外在世界、幻想与现实之间的混乱，以及随之而来的象征的瓦解；不仅如此，我们还发现，游戏和思考中充斥的性与攻击的内涵；通过欺骗和背叛剥夺和影响（孩子们的）情感需要；以俄狄浦斯式的胜利和竞争为基础的、在孩子这边所展示出的全能感和滥交；以及,因此在以后的生活中不断袭来的负罪感和羞耻感。所有这些可以总结为,儿童(性)虐待剥夺了一个孩子最宝贵的财富:童年、亲密感、安全感和信任感。

在所有遭受性虐待的儿童中,一条基本规则已经被打破。成人作为监护人和保护者的自然角色已被抛弃,强者剥削和损害了弱者,儿童对是否存在一个大体是善良和有利于发展的成人世界失去了明确的信念(Skelton,2006)。

对儿童的虐待

这是现在的精神分析经常要处理的主题。在过去的几十年中,一方面人们在**区分身体虐待、情感虐待**和**性虐待**时已达成了一致,但是另一方面对**忽视**却认识不足。我们需要足够多的方式来识别一个问题,从而开始认识并适当地处理它。同时我们还需要一个可以思考该现象的参考框架。对儿童的不当对待比我们通常了解的更为普遍。我们常想当然地认为,除非父母或其他成人有精神疾患,否则便可以给儿童适当的照料和关心。

当然,在精神疾病的案例中,我们更有可能警惕家庭中的虐待和忽视的现状及后果,并因此可以采取治疗行动,以阻止虐待和忽视的发生,来帮助受害儿童。对于这些情况:

> 受虐待的儿童常常还必须面对诸多其他困难,如:儿童残疾或不良健康状况,父母受虐待的家族史,父母情感障碍,父母物质滥用,家庭暴力和贫穷。这种广泛的儿童、家庭和父母的不利环境都是相互影响的。(但是,我们绝对不能忘记)儿童虐待和儿童性虐待的后果是纷繁复杂的,并且似乎可以被环境和其他能提供良好经验的父母或照顾者所影响(Jones & Ramchandani,1999;McQueen et al.,2015, p. 27)。

但虐待和忽视常常悄无声息地发生。杨-布鲁尔（Young-Bruehl, 2005）认为，发现儿童虐待和忽视的主要障碍恰恰是一个共同的信念，即在我们设想的正常人群中，父母或其他成人更有可能履行他们作为父母和成人的职责——尤其是他们的孩子期待自己被爱。但是如果这种信念被视为理所当然，那我们仍旧会对虐待视而不见、充耳不闻，而忽视了某些迹象——受虐儿童可能会或多或少地以伪装的形式向周围的人发出暗示。

接触和界限需要根据其特有属性来考量，即考虑接触的数量、强度和质量，过度还是不足，适当还是不适当，良性还是有害。但如果需要具体考量对儿童实施的虐待，那么我们还需要注意：发生在何时（是否有早熟），具体做了什么（虐待的形式），以及由谁施加（在家庭或信任圈的内部还是外部）。人格受到影响的程度取决于每个孩子的特定情况的组合。再一次，我们发现自己处于创伤领域。

在这一点上，可以参考阿尔瓦雷斯（Alvarez, 1992）的建议。她认为我们或多或少了解在综合层面上针对创伤工作的可能性（在这里创伤的材料被恢复、思考、幻想和梦见），或者尘封起与创伤有关的所有情景。我们还需要考虑第三种更严重的可能性，即"创伤影响持续进行的发展过程，例如记忆、认知、学习，当然还有人格"（p. 157）。

她继续指出，在遭受严重和长期性虐待的儿童中，我们应该考虑一种遗忘理论，而不是一种记忆理论，以便使孩子能够以一种他们能消化的剂量去思考自己的创伤。这意味着在治疗中要尊重孩子的步调："也许在虐待的每个方面，经历都是零碎的，特别如果是长期的创伤，我们可能需要循序渐进，一步一步地消化"（p. 154）。詹姆斯·罗德斯（James Rhodes, 2016）在自传《器乐》（*Instrumental*，一部关于疯狂、药物和音乐的回忆录）中，非常生动地描述了他从5岁开始持续遭受长达5年之久的性虐待。（这种虐待）渗透进了他的自体并永远存在于其中，作为一个污点他觉得自己坏透了，让他在生命的每一分钟都遭受身心的双重折磨；并伴随着难以忍受和无法避免的症状，常常使他认为自己疯了，且无法建立一种适当的、友爱的关系。

> 我很小的时候就发生了性行为。这很糟糕。我很糟糕……这是那种印在脸上的令人厌恶的污点,孩子会盯着它看,而成人则会移开视线。它一直在那,我做什么都不能也无法抹去它。我一直都知道我无处安放它,我没有办法构建或重新构建它,我也没有办法让它变得可以忍受或可以接受……他(施虐者)剥夺了我的童年。他带走了我的儿童性,抹杀了我的父性。(p.26)

现在,在我大致地展开了关于儿童虐待的主题后,我想举两个临床案例来说明这里所提出的一些观点,这两个例子取自我在巴塞罗那一个公共精神卫生部门的临床实践:第一个案例是一个5岁的孩子,他遭受了身体虐待;第二个案例是,在一次家庭心理治疗即将结束的时候,我发现其中一名家庭成员也受到了虐待。

片段1 克里斯汀(一个精神分裂症母亲与其儿子的瓦解型精神病):长期后果

我第一次见到克里斯汀时,他5岁,我们每周见一次直到他7岁。他一度被诊断为重度瓦解型儿童精神病(severe disorganised type of infantile psychosis)。他难以管教、不受约束,总是和老师、父母还有同龄的小孩作对。如果他受到挫折,他会从温暖而贴心、在大人膝下嬉戏的孩子,变成在言语和肢体上对人暴力相向的浑蛋。有监护权的祖母对他束手无策。在咨询中,孩子无法忍受任何界限,并且几乎在所有时间都想要虐待性地控制我,并常常表现在肢体上。

治疗开始后的几个月,我见到了他母亲,有些情况开始显露端倪:他的母亲不断给他矛盾的指令,但他对此毫不理会。他母亲在我办公室里追着他打,大声说他很坏、完全不尊重她。显而易见,他母亲病得很厉害,被诊断为精神分裂症。我继而发现他父亲因肥胖而出现了诸多并发症。克里斯汀极度被动,学习困难,并且完全无法感受外在世界,与他人缺乏联结。在孩子接受治疗期间,他母亲必须住进精神病院，并且在一段时间内，孩子会在工作日接受心理教育机构的照料。

11年后，他被少年法院指派给我们精神卫生部门，我们为他进行了一些心理治疗。他当时18岁，我们部门的一位同事随访了一小段时间，此后克里斯汀销声匿迹。他因行为不检、恐吓、抢劫、盗窃和大麻成瘾而被遣送来接受心理治疗，以此代替刑罚。负责他的专家认为他注意力不集中、戏剧化、无节制，并怀疑他是否存在妄想行为。

他对枪支着迷，他说第一次杀死一只鸽子时感到后悔，但不久后他和朋友一起将一只猫折磨至死。他要求见我，我们在候诊室里简短地交流了一下，他深情地说："你还记得我吗？那时我真的很糟糕，我不知道你怎么受得了我！"在我们简短的交谈时间内，他向我解释说，他因盗窃被捕来接受治疗，在这几年中，他一直受到社会服务机构的照料。由于他的祖母年纪太大，无法照顾他，他被安置在"儿童和青少年收容所"。他告诉我，他的母亲病了，他也多年没有父亲的消息。

克里斯汀自孩童起便生长在以精神疾病为特征的家庭环境中，随着时间的流逝，我们很容易看出他所遭受的虐待和忽视是如何对他造成损害的。11年后，他对攻击者的认同从他对动物的残忍行为中可见一斑。就像他还是个5岁小孩子时那样，他仍然在挑战限制（现在是社区设定的团体和社会限制）、僭越规则（通过抢劫、反社会行为和物质成瘾的方式）。这些限制无力容纳他那紊乱的心智，在他破碎的自体中也无法给他那满满的暴力找到一个安放的位置。

这个孩子在这样一个环境中长大，他不仅不能获得父母的容纳功能，反而还起到反作用：来自父母的强烈投射，母亲那无法控制的焦虑和敌意全部倾泻在孩子脆弱的心灵中并在行为上表现出来，在他的成长过程中变成一种创伤性侵入，严重阻碍了孩子将他的经验整合进一个有条理的自体中。

我相信，这个例子足以说明儿童遭受虐待会产生的远祸近忧，因为它常常再现并可能传给下一代：这给我们作为一个整体的社会服务、教育服务、精神卫生保健和社会系统所采取的关注和预防政策，带来了巨大的挑战。

片段2 儿童性虐待和精神疾病：山姆

在第二年家庭治疗的一次咨询开始时，父亲要求儿子告诉治疗师，这对父母在家中偶然间看到儿子没关上的电子邮箱中的信息是什么。他们的儿子山姆现年22岁，被诊断为边缘型人格障碍。山姆回答道：除了他的父母认为严重之外，这根本不算个事，是他们（父母）太保守了。在父亲的一再要求下，儿子解释说，这都是因为一个60来岁叫拉尔夫的男人。约十年前他们在电影图书馆初见，现在拉尔夫已是这个家庭的密友。那时山姆才13岁，已经被认为是一个有严重心理问题的孩子。拉尔夫以极其暧昧的方式接近他，他们熟悉起来，然后拉尔夫渐渐教给他关于生活的事情，分享许多关于电影的有趣观点，因此他们成为密友并定期见面。母亲要求儿子说得直白点。

于是他说："我知道你们想说的是性，只有这个在你们俩看来是要紧的。是啊，我们做爱了。"父亲问他是从什么时候开始的，是被强迫的吗？山姆回答："在我们相识后不久……是的，我被强迫过两三次，之后我觉得很快乐便开始寻找更多的机会。拉尔夫打开了我认识新世界的大门，这些你们永远不会理解。多亏了拉尔夫，我现在拥有开放的思想，我不介意与男孩、女孩、成年男子或其他任何人发生性关系。性，是一种远比排他的、无聊的和受限制的男女关系更为丰富的体验。"

他的母亲说："你在说毒品时也这样说，你认为吸毒也精彩无限。"山姆说："我跟你们说过多少遍了，我不是瘾君子，但我喜欢嗑药，我喜欢体验，我喜欢那些新的、未知的、令人愉悦的感觉。但是我完全没有药物依赖。"

父亲回应道："让我们坚持我们所说的话。你被强奸了。现在，你告诉我们，你不再与拉尔夫发生性关系，但你为这种经历感到骄傲，并且如果同样的情况再次发生你还会这么做。"

母亲补充道，他们（父母）感到非常内疚。她说："自从山姆遇见拉尔夫以来，拉尔夫就已经成为这个家庭的一分子,他已经成为我们所有人的密友。我们一起去乡村旅行,邀请他一起参加家庭活动,就好像他是孩子的叔叔一样。突然,出乎我们意料地发现了这场性虐待。"

山姆为拉尔夫及其经历进行辩护。父母质问过拉尔夫,而他似乎没有任何内疚、惭愧或其他类似的感受。相反,他声称自己爱过并且依然爱着山姆,声称山姆对他来说非常特别,他只愿他好,并且永远不会伤害他。在这一点上,我看到父母感到异常震惊和沮丧。山姆偷偷地不断打量我。他父亲说:"如果你对性虐待有这样的看法,你会对另一个跟你当年同龄的孩子做出同样的事吗?你认为这公平吗?"山姆回答:"我不会强迫任何人,但是如果他要求我,我会教他的。我看不出这有何不妥。"

在随后一节的咨询中,当儿子缺席时,父母痛苦地反思当时怎么会发生这种事,他们没有产生过任何怀疑,但现在他们回想起儿子那时的生活,似乎又都可以解释得通,为何14岁的山姆常常夜里在老城区四处游荡,寻找易装癖者和妓女并与他们发生性关系。

对这个材料的简评

山姆让他的信箱开着,这让他的父母有机会最终发现隐瞒了他们十年之久的秘密。或许可能这位年轻人一直留给父母一些线索,但他们却没有发现,因为这种可能性根本不会进入他们的头脑中。这个突如其来的发现让父母感到震惊和耻辱。无论怎样,他们也不会想到一个40岁左右的成年人会和他们的儿子约会,并和他建立起如此亲密的感情。而(作为父母的)他们不但没有怀疑,反而像对待山姆的一个叔叔那样将这个男人迎进了家门。他们天真的表现显然是对他们自己和对儿子性行为,以及与之相关的幻想的解离和否认。这对父母似乎放弃了一些父母的责任,这些责任本可以保护他们特别易受伤害、精神脆弱的儿子免受性虐待。他们认为拉尔夫作为一个举止优雅的成年人,对他们的儿子可能有正向的引导。

在咨询中,这对父母强迫他们的儿子在咨询师面前揭露自己的秘密,以及他一直在做的和隐瞒他们的"坏事",以此来置换他们对发生在自己眼皮底下的性虐待视而不见、听而不闻所产生的难以承受的内疚感。在访谈中,男孩通过挑衅式的展示和维护他和拉尔夫的性行为来对抗来自父亲的压力,并以此表达对父母强烈的攻击性,尽管他并不承认这一点。他不仅没有压抑自己对这段经历的记忆,也不曾忘记发生过的虐待,反而像捍卫吸毒一样捍卫了这项权利,并认为这有益于自己的个人发展。由于使用了否认和分裂的心理防御机制,不论山姆还是他的父母都无法将这些创伤性事件与塑造了他的人格的思维、关系和行为的障碍联系起来,(这些障碍)使他每一天的生活都难以忍受。他们或许也无法思考他们在其中所扮演的角色。

结　　论

我们看到了多年来有关性虐待的秘密是怎么样存在着的:施虐者如何对自己所造成的伤害浑然不觉,而受虐者如何像对待生命中的贵人一样认同并捍卫施虐者,施虐者和受虐者似乎都感受不到内疚和羞耻。但对父母而言,若不是对持续存在的性虐待的屏蔽和否认,或许这些虐待可以更早地被察觉和治疗。总而言之,我的目的是用可能有用的方式来触及该主题,将其作为可以讨论这种困难而痛苦的现象的可能性框架之一。

参 考 文 献

Alvarez, A. (1992). Child sexual abuse: the need to remember and the need to forget. In *Live Company*. London and New York: Routledge.

Bick, E. (1986). Further considerations on the function of the skin in early object relations: findings from infant observation integrated into child and adult analysis.

British Journal of Psychotherapy, 2: 292–299.

Bion, W. (1962a). A theory of thinking. *International Journal of Psycho-analysis*, 43: 306–310; republished（1967）in *Second Thoughts*. London: William Heinemann Medical Books, pp. 110–119.

Bion, W. (1962b). *Learning from Experience*. London: Heinemann.

Davies, J. M. & Frawley, M. G. (1992). Dissociative processes and transference-countertransference paradigms in the psychoanalytically oriented treatment of adult survivors of childhood sexual abuse. *Psychoanalytic Dialogues*, 2: 5–36.

Gaddini, E. (1981). Note sul problema mente-corpo. *Rivista di Psicoanalisi*, 27: 3–29.

Klein, M. (1946). Notes on some schizoid mechanisms. In *CWMK*, Vol III. London: Hogarth Press.

Klein, M. (1959). Our adult world and its roots in infancy. In *CWMK*, Vol III. London: Hogarth Press.

Laplanche, J. (1997). The theory of seduction and the problem of the other. *International Journal of Psycho-analysis*, 78: 653–666.

McQueen, D., Itzin, C., Kennedy, R., Sinason, V. & Maxted, F. (2015). *Psychoanalytic Psychotherapy after Child Abuse*. London: Karnac.

Rhodes, J. (2016). *Instrumental: A Memoir of Madness, Medication and Music*. London: Cannongate Books.

Shengold, L. (1992). Child abuse and treatment examined. *Bulletin of the Anna Freud Centre*, 15: 189–204.

Skelton, R. (Ed.) (2006). *The Edinburgh International Encyclopaedia of Psychoanalysis*. Edinburgh: Edinburgh University Press. Entry: sexually abused children (psychotherapy with).

Stern, D. N. (1985). *The Interpersonal World of the Infant*. New York: Basic Books.

Young-Bruehl, E. (2005). Discovering child abuse. *Scientific Meeting of the American Institute For Psychoanalysis: American Journal of Psychoanalysis*, 65: 293–295.

第2章　关于乔迪·萨拉论文的讨论

艾玛·布伦曼·皮克

和我印象中的所有人一样，非常感谢乔迪丰富且极具启发性的论文。该文表达得非常详尽易懂，以至于我很难找到有什么可以提出来讨论的。但也许我可以借此机会来提几点他所说的问题。他（在文中）写道，在儿童虐待中，（身体）接触通常被用来满足成人的性欲倒错，或用来将成人的焦虑暴力地放入儿童体内以平息它们。他继续谈到儿童会因此变得难以承受。

乔迪·萨拉栩栩如生地表述了儿童可能因为成人的性满足和焦虑投射的目的而被虐待，而我想要补充一点的是，除此之外，儿童也可能以其他方式被虐待。例如：父母抑郁症可能从一开始就以一种极具破坏性的方式被残酷地投射出来。一个叫彼得的5岁小男孩，他的父母对他可能展现出的任何困难都非常焦虑。在咨询中，他画了一辆卡车，他告诉治疗师这是一辆"婴儿卡车"。然后，他画了不同的车辆堆在卡车上，并告诉她这些都是损坏的小汽车、踏板车、自行车等，而那个可怜的"婴儿卡车"必须带着所有这些破碎的东西。他继续说，他必须把它们都修好：他不想把它们扔进垃圾场，而是扔进车库。然后他又说，这对"婴儿卡车"来说太难了，他必须为此做点什么，去寻求一些帮助。然后，他画了一辆更大的卡车，他告诉治疗师这是"爸爸卡车"。他说，他现在要将所有故障的汽车、滑板车转移到"爸爸卡车"上，爸爸会修好它们。

尽管有一个会带来希望的父亲能帮他处理这些难题，他依然肩负了来自父母投射给他的重担，而这些，他必须承受。

在一篇非常感人的论文中，唐纳德·莫斯（Donald Moss）讲述了这种感觉是如何传递的。他描述了他年轻时（由于无法控制的原因）在亲爱的祖父的葬礼上迟到了。他的姑姑因为他错过了葬礼，生气地扇了他一耳光。许多年后，莫斯在治疗中听到一位患者抱怨他（分析师）用手挡着脸。第三次面谈时，患者从椅子上站起来喊道："把你那该死的手从你那该死的脸上拿开。"分析师担心患者会扇他耳光。他能够让患者顺利离开这节咨询，同时也因体验到自己作为一个弱者的恐惧，而感到羞耻。后来他去乘坐地铁，在站台上看到一个发育不良的同性恋男子，他突然想砸碎那位男子的脸！在那一刻，他认同了成为一个强大的人去扇别人耳光，而不是因为弱小被他人扇耳光。

所以，我们看到他内心的感情是如何被扰动的，导致他强烈地想要攻击一个没有伤害他的弱者，他希望摆脱"软弱"的耻辱。正如乔迪·萨拉所写的那样，无法控制自己的痛苦情绪的人可以借由婴儿、儿童作为容纳性的客体，除此之外，我会加上患者或其他脆弱的人。在不同的背景下，克里斯多夫·海灵（Christoph Hering）创作了电影《外星人》（*The Alien*，1994），这部电影并没有帮助观众去修通这种恐惧，反而刺激了他们。我上面提到的小男孩知道他需要一个父亲来帮他处理他难以承受的感受。若父亲（或电影导演）没有帮他反而是在刺激他时，这些感受将变得愈加难以应对。当然，这一切都与当前的政治修辞舞台相去不远。

我现在想回到儿童性虐待的具体问题上，去思考性虐待为什么有这么大的伤害。这让我想到一个临床例子，我认为是相当典型的遭受虐待的案例：患者是一个年轻的（被虐待的）犹太妇女，现年30多岁，长期以来，她一直重复着"在生活中所有的重要领域，在学习、工作，在和男朋友以及家人的关系上，都感觉很不舒服，我什么都不对"。当这种情况发生时，她连最简单的事情都干不好，当然也不能应付任何事情。

她的严重焦虑可能达到惊恐发作的水平：在开始分析后不久，她开始担心分析师可能会趁她在候诊室或厕所的时候攻击她。这些极其危险的幻想变得如此吓人，让她第一次试图通过自残（割伤手臂），再后来通过自杀想法（想先服用安眠药,然后喝醉,让自己溺死在浴缸里),来缓解这种极端的恐惧。在治疗中,分析师针对这一点改变了设置,继续以坐着的方式进行咨询(而不是经典精神分析的躺椅式)。

这位患者的父亲被认为喜怒无常,也很暴力。她尽量远离他。也有证据表明他对她进行了性虐待。患者形容她母亲是一个非常依赖且需求强烈的人,她通过对女儿提出完全不合理的要求来获取支持,然后又否认这一点。"这个(否认)让我发疯。"

她和一个男朋友交往几年了,他吸食大麻成瘾;这是冲突的原因,因为他完全忽略了她的需求。当他们分开后,她有几次惊恐发作,认为"我出事了,我会被人攻击",然后她感到她的分析师可能会对她进行人身攻击。我认为,与有毒瘾的男朋友分离后,她不得不面对自己的变态成瘾行为。

在假期前的一次咨询中,她用这些话开场:

> 今天我又感觉到自己被倒挂着,向后滑动……你跟我打招呼时,奇怪地看着我,好像有什么不对劲似的。我觉得我脸红了,但是我并没做什么激动紧张的事……(短暂停顿后)我刚刚注意到我是在等着什么,真的不知道该拿自己怎么办,但这不一定是不寻常的。

在那次咨询的后来,她谈到她经历过一个"曲折"的夜晚,她觉得她生活在一个平行世界,"当我不能来这里时,我仿佛回到了一个黑暗世界"。

我诠释,当她面临丧失时,她感觉"倒挂"着——她回到一个黑暗的世界,在那里她感觉兴奋和脸红,但如果她底儿朝天——我认为这是她的性器官(下面的)发红。她认为分析师看她的方式很奇怪——也许分析师也在兴奋。

后来发现,她自己"沉迷于"关于那些集中营里的犹太人的强迫思维中,她的角色是处理这些被毒气杀死后的尸体,并从这些尸体上将一些东西拿走,比如镶在他们牙齿上的黄金。

我认为关于虐待最痛苦的描述是她从令人震惊的场景中获取"黄金"(金

子），以及当她觉得分析师（兴奋地）从下面看她——注视着她的下体时她的体验。因此，我认为性虐待造成的伤害与其说是对孩子的身体，不如说是对心灵的伤害。乔迪·萨拉谈到，受虐待的儿童觉得自己是"坏的"。其中一个方面可能是兴奋（黄金）被激发（获得）了，甚至是她通过假装死了来掩饰可耻的兴奋。这个"集中营"是她回到的暗黑之地。在这里，她既是受害者，又（秘密地）体会到兴奋。因此，她可以从这种情况中获得的"黄金"是：她可以成为受害者，而不用为自己扬扬得意的兴奋负责。

当取代母亲和父亲在一起时，她感受到兴奋混杂着内疚——但随后她会同时感到得意（潮红）和愧疚，她要为母亲的抑郁负责——这位母亲不断地要求女儿"应当让母亲变得更好"。因此，我认为这位患者因为她感受到性兴奋以及自己代替母亲成为父亲"选中"的人而感觉自己是"坏"的，所以她认为自己要为母亲的抑郁负责，她必须肩负内疚的重担，尽管这看起来很不公平。

我认为，乔迪·萨拉强调了在这些案例中解离会变得根深蒂固，因为负罪感是如此的难以忍受，与此同时，让人感觉委屈的是，他们如此不公地背负着巨大的内疚感。

我还想说的是，在这些案例中，父母通常不仅视而不见，而且其中一位经常会扮演一部分角色，并从虐待中获得秘密的替代性满足感——就像一位坐在一旁织毛衣的母亲，表面上看起来有建设性，但当她的丈夫，即孩子的父亲在打女儿的时候，她似乎在表明：看，我的双手是无辜的。而且我怀疑山姆的父母现在也可能会通过试图"羞辱"他们的儿子和他的"朋友"来摆脱自己的内疚感（请参阅第1章）。所以，当山姆和他的朋友否认内疚时，他们可能是在模仿或认同他父母对内疚感的否认。

回到我开头提到的那个小男孩，看来这些受虐待的孩子所肩负的重担是难以控制的羞耻感和内疚感。

第3章 儿童虐待像是语言的混乱

路易斯·乔治·马丁·卡布雷

今天的许多精神分析理论,都建立在费伦齐对创伤理论的理论和临床贡献的基础之上。在这些理论中,创伤被认为是一种由他者的激情、愚昧的爱或仇恨造成的对主体自我的侵犯。

费伦齐从边缘案例的临床经验中开始发展他的创伤理论,并在最后的工作中提出了这一理论。特别是在他著名的论文《成人与儿童之间语言的混乱》(*Confusion of tongues between the adults and the child*, 1932)中,费伦齐贡献性地提出了外部客体在塑造儿童心理机制中起着至关重要的作用。同时,他强调了精神分析理论的两个基本论点:认同过程和自我的分裂。通过扩展弗洛伊德提出的诱奸概念,费伦齐在理论上取得了相当大的进步。他把创伤病因学描述为成年人"精神侵犯"儿童的结果,其中存在着"语言的混乱",而其中最重要的是成年人对儿童绝望的"否认"。

分裂和自残

成年人充满激情的言语无意识地操纵着爱与恨的情欲,并与儿童的温柔言语发生激烈冲突,与此同时,一些儿童把所有的信任都寄托在成年人身上,而成年人拒绝和否认这些儿童的心理机制中的任何一点想法和情感,此时,对于这些儿童,创伤就此产生。这不仅会引起恐惧、失望和痛苦,而且最重要的是,不可避免地导致了分裂。与弗洛伊德所认为的自我的一部分接受现实而另一部分否认现实的分裂概念不同,费伦齐对分裂的概念是,自我的一部分死去了,另一部分自我从它自己的存在中被排除出去,就好像是其他人正在过着自己的生活,它继续活着但是毫无情感。除了分裂,婴儿期的创伤还可能产生碎片化、原子化和自残。我们要强调的是最后一个概念——自残:它在生物科学中指的是身体部位的脱落,例如爬行动物的尾巴、螃蟹的四肢、章鱼的手臂。对于费伦齐来说,自残意味着切除自身的一部分,所以从费伦齐的角度来看,这是主体通过分裂让主体的一部分死去。它不会感到痛苦,因为它已经不存在了。更重要的是,"他不再担心呼吸问题,也不再担心自己的生命安全。此外,他以自毁和自残为乐,好像他不再是他自己,而是另一个人正在经历这些折磨"(Ferenczi, 1932, p. 6)。心灵则通过自我毁灭来保护自己,或者通过摧毁任何提供帮助或影响的人来保护自己。

因此,创伤的概念,尤其是几年后费伦齐在《临床日记》[1](*Clinical Diary*)中提及的精神暴动的概念:指的是无可抵挡的崩溃和身份认同的丧失,并随之而来的是由创伤经历所带来的屈服和无条件的顺从,它摧毁了自我在心理上阐述它的能力,正如他对患者O.S.所做的精妙临床描述一样。在那里,我们理解了时间感的丧失,"仿佛生命不必在衰老和死亡中结束"(Ferenczi, 1932, p.142)。但是,和其他生物的情况一样,这类自残不是一种防御机制,而是一种生存机制。矛盾的是,这种极端反应的目的是为了拯救一个人的生命。为了保护一个人的精神和完整性,必须牺牲活着的部分身体,通过把自己从我和他人身上抽离出来的自残方式来治疗自己,这难道不会让我们想到精神病吗?

但在之前的一本著作《梦的解析的修订》(*On the Revision of the Interpretation of Dreams*, 1931)中,费伦齐已经发现,源于早期创伤经历的自我分裂是压抑出现前的防御机制。正如费伦齐所说:"即使在无意识中,也不会留下这种印象的记忆痕迹"(Ferenczi, 1931, p.240)。

因此,在他后来更为精确的理论概念中,创伤变成了某种在心灵中无法表征的东西。对痛苦的反应属于不可表征的那类,即便从记忆和回忆里也是无法获得的。从这个角度来看,对于费伦齐来说,创伤"呈现"的是它自己而不是被"再现":它的存在不属于任何当下时间,它甚至摧毁了似乎引见它自己的当下。那么,它就是一个没有存在的当下,一个疯狂的当下,在这个当下中,主体从时间中退场,同时试图把他或她不可想象的痛苦放在一个更大的时间单位中,超越任何的日常或历史的时序。这是一个无穷无尽的当下,同时它又是完全虚无的。

因此,费伦齐把他的创伤理论置于一个历史时序之外的"现在"维度。与解决存在和认同的历史性当下不同,在这个创伤性的当下一切都被消解了:主客体之间既没有主体,也没有主体和客体之间的对立。费伦齐给我们的启示是,在创伤的动力和时间上,暗示了一些与死亡有关的东西,且这些东西是无法被表征的。对费伦齐来说,这实际上是"一个走向完全消解的消解过程,也就是说,死亡和时间感的丧失……就好像时间突然变成了无限的东西,就好像生命不必在衰老和死亡中结束"(Ferenczi,1932,p. 142)。但是,费伦齐所指的也许不仅仅是一个设定了界限的死亡,而是在一个没有任何开始的时间里,无限地死去。时间被木乃伊化了,在非常努力地阻止和麻痹了其重要功能之后,成为死亡的组织。对于费伦齐来说,这实际上是一个走向完全解体的解体过程,也就是说,死亡。

但面对无法再现的现实,身体成为创伤记忆的唯一接收者。那种记忆,必定留在体内,将后者奴役为其代言人,并将其转变为无声言语的殉道者。这个身体唯一的解脱机会在于重建创伤并将其放回精神分析关系中移情/反移情的主体间空间。但是,如何治疗?该借助什么治疗工具?

后续的发展

费伦齐去世后,他关于创伤的"不体面的"想法,以及由此衍生的技术创新似乎从精神分析理论中消失了。然而,似乎通过无声传递的过程,他的几个最天才的直觉性(观点)最终回归,在一些相当不同的理论表述中被重新思考,并在精神分析中开辟了新的道路。

对于弗洛伊德来说，性诱惑造成的创伤是神经症病因学的关键因素，而对于费伦齐来说，关键因素是儿童与成人之间交流障碍的表现，即"语言的混乱"。这种语言维度将与拉康的一些概念联系起来，对拉康来说，创伤近似于他的"真实(the real)"概念；它会阻碍符号化和语言，因此是不可同化的。如果我们将俄狄浦斯情结定义为象征秩序的终极表达，那么费伦齐所指的性乱伦只能被理解为这种秩序的崩溃，以及真实、象征和想象的寄存器之间的"混乱"，即无法同化经验、事实及幻想。

对费伦齐来说，创伤被置于关系的背景中。弗洛伊德认为创伤决定了驱力的命运，与他的概念不同，在费伦齐看来，创伤修改了客体关系，包括与外部客体及其内部表征的关系。克莱因（1935）对好客体的概念和她的第一位分析师（费伦齐）[2]的信条很接近，即把好客体看作一个让婴儿投射的容器。如果克莱因将创伤定义为与内在冲动的受挫和对坏客体的暴怒投射以及随后的防御性内摄有关，那么她的追随者，即所谓的后克莱因学派，不会不强调将令人受挫的真实经历作为儿童破坏性欲望的原动力的重要作用。

费伦齐引入了关于驱力本质的讨论。他关于神经症的外生（the exogenesis of the neurosis）的论文成为精神分析心理学和客体关系理论的初稿。客体关系理论中的一些杰出作者，如费尔贝恩（Fairbairn）或冈特瑞普（Guntrip）几乎完全遵循费伦齐的概念。这一理论有助于逐渐扩展创伤的概念。创伤情境产生于那些原初客体的不充分照料。许多分析家，其中包括鲍尔比（Bowlby），将儿童情绪发展的失调归因于早期母亲照顾的不足。马勒（Mahler）的主张——原初客体的真实行为对婴儿的发展具有根本的重要性——也有类似的含义。

巴林特（Balint, 1969）基于费伦齐的观察并将弗洛伊德的一些观点融入客体关系理论，他提出了创伤的三阶段理论，再次强调了否认对创伤起源的影响。但也许最忠诚地还原了费伦齐直觉的作者是温尼科特。在他最重要的理论贡献中，我们可以看到他对创伤概念的扩展和他的相对创伤概念（1953），即在儿童所需要的功能方面，由一个"不够好的母亲"带来的结果。在这些观察之后，可汉（Khan，1963）提出了"累积性创伤"的概念，强调了母亲的准兴奋功能的破裂对孩子的影响。这种对创伤的扩展性观点还包括：克里斯（Kris，1956）所区分的"休克性创伤"和"压力性创伤"，[3] 格里纳克（Greenacre，1952）关于《隐藏创伤的"屏蔽记忆"》论文，韦尔德（Waelder，1967）关于心理发展中的"建构性创伤"的观点，[4] 桑德勒（Sandler，1967）的"回溯性创伤"，艾克斯坦（Ekstein，1963）对"积极的"和"消极的"创伤的概念化区分，以及巴兰格等人（Baranger et al.，1987）对"非经验性创伤"和历史性创伤的区分。格林（Green，1982，1986）以温尼科特的概念为蓝本，强调"母亲的负性幻觉"，并提出"死亡母亲"的概念，以形容一个无内容的空虚屏幕。

费伦齐还对早期障碍的心理学基础原理进行了理论化，并发现了以前所未知的原始防御机制，尤其是分裂，其心理后果将在多年后由温尼科特在他的"假自体"概念中得以发展。虽然比昂没有研究创伤而是研究了精神病性思维的影响，他仍然描述了分裂和破碎的机制，间接提到了自我或它的一部分的自毁性过程，以及把它们从精神装置中驱逐的情况。在他关于精神分裂症思维的发展（1956）以及人格中精神病性与非精神病性的区别（1957）的著作中，有几段内容让人想起了费伦齐在《临床日记》中的描述。

当代临床实践中的挑战

如果性创伤阻碍了享受能力的发展，继而发展为性压抑、性冷淡，并且最主要的是为幻想和施受虐的快感铺平了道路，那么非性的创伤则是破坏人们对世界的信念，并破坏一个过渡性空间。在这个过渡性空间里，人们感到能与他人和谐相处、能作为欲望的载体，并通过一个富有思想和情感的内部世界将自己投射进生活里。当一个孩子觉得他的思想和情感被系统地否定和忽视时，他的情绪和情感世界就会受到整体的影响。孩子现在不得不调和他对足够好的父母的渴望与他的爱得不到理解这一被否认的现实。一个表面上正常的青少年,其内部结构可能是一个受到伤害并被剥夺了共享性情感世界的儿童,青少年的背后隐藏着一个没有自由和自信的情感领域的人。在这个人身上,难以描述的创伤经历破坏了将他自己视为一个完整的人的可能性。在这里,我们找到了一种可能的变态或精神病结构或动力的起源。

我们还远远不能将精神分析理论中仍然开放的所有参数整合起来。首当其冲的就是创伤患者的临床经验所带来的挑战,这些患者所发展出的反常的、变态的或精神病性的态度、机制和情感组织。然而,当我们听到患者正处于一段施受虐关系中;或者通过所谓的美容外科手术对身体进行一些强迫性的自我伤害;或者有厌食症或贪食症的问题;或者有未被发现的乱伦问题(无论是父亲还是母亲所实施的);或者有对妇女或儿童进行身体虐待和羞辱的问题;或者对处于弱势或顺从地位的人十分残忍;各种形式的酷刑;种族主义和仇外心理、战争、仇恨;以及或许最终可能当我们面对着一个似乎不愿放弃单一驱力的世界时,它使作为精神分析学家的我们去思考,在我前面提到过的非压抑性无意识中积累了什么样的毁灭性经验,以至于造成了如此多的暴力和毁灭。

也许对创伤和其他病理问题之间关系的反思能让我们认为精神分析的存在是必要的,它可以作为快速的或药物疗法及其他治疗的另一种选项,因为正如皮埃拉·奥拉尼耶(Piera Aulagnier)所说,大多数时候,患者来我们的治疗中不是为了寻找一个聪明的答案或破解真相;他们来这里仅仅是因为他们需要依靠存在的人类的帮助来理解他们的痛苦,最重要的是能够使他们继续活下去。

注　解

[1]《临床日记》(*Clinical Diary*),1932年6月26日,pp. 140-143。

[2] 梅兰妮·克莱因与费伦齐进行了几年的分析。当克莱因在柏林定居后,她开始与亚伯拉罕进行第二次分析,后者的意外死亡戏剧性地打断了她的分析。

[3] "因此，我们似乎并不总是，而且只是很少能够以令人满意的敏锐度来区分两种创伤情境的影响。一次经历的创伤影响指的是，现实强烈且突然地冲击到孩子的生活——我喜欢称之为休克性创伤（shock trauma）；而长期且持久情境下的创伤的影响指的是，可能是由于令人很受挫的紧张情绪的积累而造成——我将其称为压力性创伤（strain trauma）"（Kris，1956，p. 54）。

[4] 基于格里纳克（Greenacre，1967）关于前俄狄浦斯期的创伤危险的观点，Waelder 强调了从被动（木僵反应）转变为主动（喊叫、反应或逃跑）的机制是如何更好地解决创伤影响的一个指标。

参 考 文 献

Balint, M. (1969). Trauma and object relationship. *International Journal of Psychoanalysis*, 50: 429–435.

Baranger, M., Baranger, W. & Mom, J. (1987). El trauma psíquico infantil, de nosotros a Freud. Trauma puro, retroactividad y reconstrucción. *Revista de Psicoanálisis*, 44 (4).

Bion, W. R. (1956). Development of schizophrenic thought. In *Second Thoughts*. London: Heinemann Medical Books, 1967.

Bion, W. R. (1957). Differentiation of the psychotic from the non-psychotic personalities. In *Second Thoughts*. London: Heinemann Medical Books, 1967.

Ekstein, R. (1963). Pleasure and reality, play and work, thought and action as variations of and on a theme. *Journal of Humanistic Psychology*, 3: 20–31.

Ferenczi, S. (1931). On the revision of the interpretation of dreams. In *Final Contributions to the Problems and Methods of Psycho-Analysis*, ed. M. Balint. London: Hogarth Press/New York: Basic Books, 1955. Reprinted: London, Karnac, 1980.

Ferenczi, S. (1932). *The Clinical Diary of Sándor Ferenczi*, ed. J. Dupont. Cambridge, MA: Harvard University Press, 1988. French edition, Paris: Payot, 1985.

Green, A. (1982). *Narcissisme de vie, narcissisme de mort*. Paris: Minuit.

Green, A. (1986). Le travail du négatif. *Revue française de psychanalyse*, 50 (1): 489–493.

Greenacre, P. (Ed.) (1952). *Trauma, Growth and Personality*. New York: W. W. Norton & Co.

Greenacre, P. (1967). The influence of infantile trauma in genetic patterns. In *Psychic Trauma*, ed. S. Furst. New York: Basic Books, pp. 108–153.

Khan, M. M. R. (1963). The concept of cumulative trauma. In *The Privacy of the Self*. London: Hogarth, 1974, pp. 42–58

Klein, M. (1935). A contribution to the psychogenesis of manic-depressive states. *International Journal of Psychoanalysis*, 16: 145–174.

Kris, E. (1956). The recovery of childhood memories in psychoanalysis. *Psychoanalytic Study of the Child, 11*: 54–88. Paper presented to the Midwinter Meeting of the American Psychoanalytic Association, New York, on 4 December 1955.

Sandler, J. (1967). Trauma, strain and development. In *Psychic Trauma*, ed. S. Furst. New York: Basic Books, pp. 154–174.

Waelder, R. (1967). Trauma and the variety of extraordinary challenges. In *Psychic Trauma*, ed. S. Furst. New York: Basic Books, pp. 221–234.

Winnicott, D. W. (1953). Psychoses and child care. *British Journal of Medical Psychology*, 26: 68–74. Based on a lecture given to the Psychiatry Section of the Royal Society of Medicine, March 1952.

第4章 托德：一个处于潜伏期的自伤男孩的案例分析

马里·A. 曼

这是一个关于11岁男孩托德的案例分析。我的同事在和他做了一小段时间的治疗后将他转介给我。托德在搬到加利福尼亚州（下文简称加州）不久后就开始了分析治疗，他现在的问题是，潜藏在抑郁、抠皮肤和拔头发行为之下的压抑的愤怒。

托德9岁的时候，他父母离婚了，父亲留在了以前全家一起生活的城市，母亲离婚后决定搬到加州。法官把托德的人身监护权判给母亲，而父亲有探视权和共同法定监护权。这使父亲的处境变得很困难，因为他需要经常长途往返，才有时间陪伴儿子。托德5岁时，他的问题就充分表现出来了。托德有自我伤害史，很小的时候就开始拉扯头发，那时父母的婚姻刚刚出现不和谐。随着父母离婚已成定局，托德的拔毛癖和自我伤害行为不断升级。

托德是个耳聪目明、口齿伶俐的孩子，而他的母亲缺乏情绪协调能力。当她对托德感到失望时，她就打他、体罚他。她不知道身为父母的责任和父母对孩子发育成熟的重要性。她对成为母亲准备不足且感到很矛盾。

尽管父母对分析存在阻抗，且母亲有明显的精神病理性问题，但托德天生的反省力以及他对自己心灵的好奇，他对与人（尤其是母亲般的人物，如老师和作为他的精神分析师的我）建立深刻的、共情的连接的渴望，这一切帮助了他与我一起保持有效的工作。此外，他执着的性格特征和高智商使他的分析有效而成功。

托德的母亲

（托德的母亲）在她的领域是一个受过高等教育的女性，她和丈夫为了怀孕尝试了好几年。他们尝试了几次试管受精，但是这位母亲从一开始就对怀孕和成为一个妈妈持矛盾的态度。她丈夫劝她不要放弃希望，并继续多次试管婴儿。终于在42岁时，他们成功怀上了宝宝。

作为母亲，她照顾儿子常常前后不一致。不过，离婚后她把托德的保姆一同带到了加州。她经常迅速地反应，而误读儿子的情绪线索。在托德6个月大的时候，她将自己的母亲角色委托给了一位住家保姆。托德的保姆通常对他充满关爱和母爱。但是，每当托德和他的母亲发生激烈的争吵时，或者当母亲发脾气打他的时候，保姆都不会干涉，也保护不了托德。保姆担心如果她进行干预，就可能会丢掉工作。

在托德看来，当他和母亲吵架时，保姆没有给他提供足够的安抚和保障。托德说，"她会面无表情"，这让他感到困惑。他期待他的保姆能出于忠诚和依恋来保护他。他希望保姆能阻止母亲打他，并积极干预。

托德的父亲

托德的父亲在他自己的领域受过教育，他在一所大学教体育，多年来一直饱受抑郁症的折磨。他是个温暖的、亲切的、有教养的人，但他妻子形容他总是很被动。早在托德出生前，他们的婚姻就出现了问题。

暴风雨式离婚

托德父母的婚姻在动荡、混乱和痛苦中结束。当托德来到我这里的时候,每个人尤其是托德,都在努力寻找一个稳定的支点和一个抱持的环境。11岁时,托德在接受了每周两次的短暂心理治疗后,和我一起开始了精神分析。同时我一直和他的母亲一起工作,主要是做"父母工作"。

当母亲因为经济困难解雇他的保姆时,他再也不能一周来四次了。他的母亲一直承诺很快就会重新雇保姆。等了大约三个月,他才开始再次接受分析,当快要失控时,他识别出了自己强烈的愤怒,并发展了自我调节能力。

我也努力和他的母亲一起工作,以制止她的身体虐待。当她被问及自己的虐待行为时,她感到很羞愧,并不断重复说体罚是她自己成长经历的一部分,在她生长的地方,体罚受到文化上的认可。她承认她经常看到父亲用皮带惩罚哥哥,而她幸免于难,因为她是个好学生,没有不端行为。

和她一起做父母工作的这段时间是具有挑战性的,一方面因为我不确定自己是否可以提请儿童保护服务机构注意虐待儿童问题。另一方面,托德又在挣扎,他不想知道自己是否能感受到他对母亲的愤怒。他否认自己生她的气。他承认自己的愤怒是一种可怕的感觉,他害怕会像母亲一样失去对自己的控制。最终,在我们工作期间,他学会了与自己的愤怒情绪产生连接,并能够承认自己的愤怒情绪。他可以利用自己对愤怒的焦虑作为停止自我毁灭行为的信号。他变得相当擅长于分辨出什么会引发母亲的愤怒反应,并先发制人地读懂她的情绪状态,以避免与她发生冲突。他觉得自己在博弈中处于领先地位,能很快地抓住要点而不成为母亲愤怒的目标,从而击败她。

很明显,他正在巩固自己的自我价值感、自我认同感和自我独立感。他想让别人看到他独立自主的自体。他希望母亲能听到他的声音,希望她能理解他的感情状态,欣赏他是什么样的人,欣赏他的优点和缺点。他相信母亲从来没有爱过他,并认为她可能希望他从未出生。

托德希望成为足球和高尔夫的明星运动员。他的口齿伶俐和聪明智慧是积极的保护因素,帮助他相信我在倾听他,而不像他的母亲听不完他说的话。他觉得我很理解他,他公开表示希望成为我唯一的患者。

通过诠释工作以及用语言描述和命名他的感情,我能够稳定地容纳他的焦虑;我能够帮助他认识和识别他的感觉,更好地调节情绪。当我不断地诠释他的矛盾时,他那强烈的焦虑感逐渐消失了。

托德和我建立了稳固的工作联盟。我们很合得来,他喜欢见我。在这场移情中,我就像一位被人期待的母亲。在反移情中,我的主要关切表现为,我计划在他母亲身上做全面的家长工作,特别是我对她母亲的忽视和虐待的强调和格外关注。

在父母离婚前,托德学会了在注意到父母之间的争执与不和谐时,隔离自己的情感。在他生命的早年,他学会了如何转移自己的情感。为了获得一个稳定的、可预测的、真实的母性形象,他一直挣扎在他的前俄狄浦斯期的需求和冲突中。他出生在一个矛盾的世界里,母亲有着严重的内心冲突。母亲对托德的依恋模式是矛盾的、没有安全感的、缺失情感协调的。一方面,她将自己的婚外情隐瞒了很长一段时间,不想告诉托德他们搬到西海岸的真相和真正原因。托德是从父亲那里听到的,但他想直接从母亲那里听到。尽管他坚持要知道真相,但她一直否认。另一方面,托德的保姆承担着机器人保姆的职责,她陪托德来做分析却没有任何情感表达或关心。

托德过去常叫他的保姆:"我的保姆"。随着分析的进行,他更加了解自己青春期的内心混乱和正向移情感受,他开始喊保姆的名字。他的保姆很少在候诊室等他,更多的时候是在大楼停车场的车里。

我觉得我是一个抱持者,是托德母亲、保姆、定期打电话给我的托德父亲以及他们所有自恋需求的抱持者,也是托德的抱持者。

托德的猫对他来说是重要的"依恋"对象。它们象征性的存在代表他的内在生活是值得关注的。他对他的猫的情感状态了如指掌。他注意到它们的亲近能力和独立；他开心地开玩笑说，猫的情绪状态和他自己的情绪状态很相似。他认同它们，尤其是莫莉。有一次我解释说，当托德不在我办公室的时候，莫莉代替了我。他停顿了几分钟，笑了。我的名字叫马里，猫的名字叫莫莉，很押韵，对他来说听起来很有趣。直到那一刻他才想到这一点。

托德非常渴望见到我，他很自豪地与我讨论他广泛的兴趣——政治、社会、文化、体育和文学。他强烈地希望和我分享他对电脑游戏的兴趣。

通过他的戏剧，他可以表达他对愤怒的冲突，他在性别身份上的问题和疑惑。他想知道他是否最终会被男孩而不是女孩所吸引。明确的认同问题和他认为自己是谁的主题经常在他的剧本材料中浮出水面。

托德读了很多书，还把他在读的文章，尤其是斯蒂芬·金的书，带到他的治疗中。然后，他问我是否读过。似乎他感兴趣的书本类型是反恐怖的，这也是他活现的迹象。他想看看我是否也像他母亲那样，觉得这些书恶心。

当托德谈到他的女同学时，他表达了对女生的性感受。他欣赏那些头脑聪明、学习成绩优异的女孩子。我把他渴望被我欣赏的愿望诠释为，他希望有一个他能爱和被爱的完美母亲。他那渴望被我爱的脆弱自体在游戏室里复活了。他经常询问在他之前离开的其他患者，并通过这种方式表现他被爱的渴望。

托德的高智商和敏锐洞察力使他能认同老师、教练和父亲，将他们视为自己的榜样。他还利用自己的魅力和能力欺骗朋友和母亲。这是一个经常被提及的重要主题，特别在他母亲长时间内没有公开她不忠的秘密时。托德从他父亲那里得知母亲有婚外情，而且她拒绝公开谈论这件事。

托德认同了父亲，认为母亲是一个排斥他人、虐待他人的人。他形成了一种理论，认为他遇到的每个女孩都会拒绝他。他为父亲说话，对那个从父亲和他身边抢走母亲的人非常生气。他有一次说"他剥夺了我童年的快乐"。他觉得母亲贬低了他，因为他觉得自己也被背叛了。因此，他的自尊心变得更加脆弱。托德在多种场合愤怒地说他知道母亲有外遇。他听起来像是在试图让我相信他的真实性。他认同父亲的痛苦和被背叛感。

我鼓励母亲和托德公开讨论她的秘密。当她终于决定和他讨论这件事,而不是像过去那样一味地否认时,托德松了一口气。这对他们母子都有积极的影响。他感到如释重负,秘密终于公开了。在他接受分析的第二年,他的超我冲突开始转变为不那么严厉和具有惩罚性。关于那个"毁了他父亲和他的生活"的男人的复仇幻想逐渐消退。

他害怕想象自己的愤怒被释放出来,那样他会失去对心智的控制。同时,复仇和谋杀的幻想又使他矛盾地感到满足。有时这让他感到害怕,因为他知道自己是一个孤独的孩子,害怕在这个巨大又荒凉的世界里没有人关心他。对于我在那里帮助他容纳他的"担忧"、不安全感和恐惧,他感觉很好。他经常假装比预约见我的时间早到,却告诉我他忘了开灯。当我走进等待室,带他去咨询室时,他很高兴。

我向他诠释,当我在等待室里发现他、确定他到了时,他觉得他需要装作漠不关心的样子。尽管他总是挣扎于,我可能会在会谈的间隔期把他忘了的这种感觉。然而,在内心深处,他很高兴见到我,他知道我关心他。他说:"我只是忘了开灯!"我说:"你用这种方式来确认我关心你,让你觉得我爱你。"我说完后,他沉默了一会儿。之后,托德说:"今天,我想知道你是否会从办公室里出来找我。我知道这样想很愚蠢。你知道吗,我妈妈甚至不知道我是不是在自己的房间里。我还不如溜出房间去公园呢。我做过一次。她从来没有留意过这件事。"

他告诉我,有时他会因为假装睡在床上而感到内疚。他曾试图待在外面,有几次在凌晨从窗户爬下去,然后走到附近的公园。我告诉他,他想确定他妈妈足够关心他,会去确定他在自己的房间里。这也是他想知道我是否在意他在不在候诊室里的方式。

当他谈到他的"操纵行为"(他自己贴的标签)、谎言和欺骗时,他感觉很糟糕。他觉得最好对我坦诚,让我知道他消极的一面。有一次他在参加足球队的选拔时,出现了胃痛。他意识到"这是他巨大的忧虑进入了他的胃",他无法控制自己。在他的足球队里，他是进攻队员，他为胜利而战。晚上托德入睡困难，因为他有许多的忧虑。当他邀请一位女孩参加学校的冬季舞会时，同样的胃痛和睡眠困难问题再次发生了。他每次参加运动队的选拔都会胃痛。他担心自己会被"资优项目"剔除出去，尽管这看起来非常不现实。这是他潜在的不安全感和恐惧感的表达。他的完美主义是对害怕拒绝和失望的一种防御。他对细节的过分关注是他强迫症性格的另一个方面，这让他能够避开不安全感。

在他以绘画或棋类游戏表达暴力幻想数月后，他可以表达他对母亲的仇恨。他可以用言语表达他从母亲那儿受到的伤害，他对她的失望、憎恨和愤怒。我告诉他，他害怕如果他对母亲感到愤怒，就会对她作为"好母亲"的一面产生伤害，而他也会感到受伤。他点点头说："我为她感到高兴，她现在可以看自己的心理医生了，她每周只看一次。我一周见你四次！"他告诉我的时候，脸上挂着灿烂的笑容。

托德异常高的智商和分析能力让他觉得自己和其他孩子不同。他反映他的同学从不思考社会和政治问题。在某种程度上，这让他更难交到朋友。

现在，他踢足球、打棒球、打曲棍球和打高尔夫球。他不再担心没有朋友。他不再戴棒球帽来掩盖他的秃顶。他有了一头浓密的头发。他交了几个亲密的朋友，而且没有感到自卑。虽然他更容易与成年人相处，但他开始意识到同龄人在他生活中的重要性。托德在个性化过程中走得更远，在发展自主的自我意识方面取得了进展。

早些时候，他否认抠皮肤、扯睫毛或头发时会感到疼痛。在他的分析中，躯体转换和自残行为已不再存在。

虽然他在分析上取得了显著的进步，但托德仍然在和对母亲的矛盾情感做斗争。他对自己的未来感到不确定，担心自己的冲动还会爆发，使自己失去控制。

他告诉我，他有他父亲那边的黑手党血统。他还知道，他的家族"几代人"都离过婚。

托德在意识层面上表现得不那么刻板，他能发现自己对父母的认同。他经常穿着足球服或拿着高尔夫球杆来，向我展示他很认同父亲的运动精神。他一心一意想获得足球奖学金，并进入以球队闻名的最好大学。

我在思考他拔头发的意义。这可能是生殖器手淫的一种置换，同时也能缓解内心的紧张。他可能无意识地想摆脱自己不可接受的冲动。他说，他不再为秃顶而感到羞耻，虽然这曾经让他成为学校恶霸的目标。这看起来像是一个无意识的自虐愿望，也许就像他打了自己的头。我也想知道这是不是阉割的问题。有相当多的证据表明，阉割恐惧会代代相传。在回顾他的家庭背景时，托德报告他的祖母曾在愤怒之下用刀割破了他祖父手掌上的皮肤。托德的父亲在小时候目睹了这场暴力。他也害怕自己像火山一样突然爆发的愤怒，这种破坏性的流动使托德害怕。

我相信，缓解紧张的过程是由多方面决定的；这可能要追溯到早期的母婴不协调状态，即婴儿的生理护理没有融入足够的爱，从而导致症状的形成。他的湿疹也可以被分析为是一种缺乏良好母性抱持的表达形式。

托德能越来越有效地识别自己的愤怒情绪，尤其是对他母亲的愤怒。他允许自己果断地对她说话，不回避眼前的话题。同样，当分析会谈和他的运动时间有冲突时，他可以很好地与我协商分析时间。

他对成为一名犯罪学家非常感兴趣，这在某种程度上与我作为分析师和他一起进行的工作很相似。在另一个层面上，他强烈认同他父亲对运动的兴趣，他希望在足球、棒球和高尔夫球上取得优异的成绩，通过出众的运动能力被最好的学校录取。

反 移 情

托德和我很匹配。我喜欢和他一起工作。他把我看作理想的母亲。我对托德母亲的超我问题产生了一些感受，这激发了我想要进一步帮助托德的想法。我一直在关注托德的超我发展。托德母亲对我撒了不止一次谎。托德意识到了母亲的缺点，他新形成的反映能力能预测母亲的情绪状态。

当他的保姆被解雇时，托德非常悲伤。他的母亲似乎并不关心他的依恋对象的连续性。

父母工作以及和托德的分析工作让我认识到，有能力容纳托德母亲和托德的焦虑的重要性。与此同时，我认为自我结构构建、情感发展与情感调控以及心智化能力建设的过程已经全面展开。

在象征性的阉割问题上，托德母亲对男人的憎恨似乎是代际性的，且有证据表明如果没有强有力的分析干预，阉割焦虑的代际传递可以持续存在。

为了消除对破坏性生殖器攻击的恐惧，他采取了一种极端的解决方案，表现为在足球比赛中的侵略性攻击，以及与其他男孩竞争同一个喜欢的女孩。

我的反移情反应包括，屈从于托德引人入胜的讲故事行为，以及我希望他不要放弃他的生殖器自恋和自我表现的冲突。我希望为他创造一个安全的环境，这表现在我一直追踪他和母亲的互动，并帮助他不被母亲吓倒或成为她攻击的受害者。

分析工作将继续探索托德在攻击性方面的冲突，观察他在分析过程中的折中解决方案。对托德的分析是复杂的、生动的和有价值的。

托德案例的过程记录

下面是两次会谈，第一段是一次早期会谈，第二段来自更近期的一次分析会谈。

一次早期的会谈

他走进房间，头上没有戴棒球帽，露出了几块秃斑，看上去紧张又兴奋。他告诉我，他对母亲很生气，因为她让他们搬到了加州，远离了父亲。

托　德：我在佛罗里达州住了六七年（托德不得不离开那个州），在来这里之前我在堪萨斯城住了两年。我们和两只猫（奥斯卡和莫莉）一起搬到加州，但是我们的狗在我们搬到这里之前去世了！我的保姆也来了。
（当他讲述自己最近的变动时，他变得更加愤怒，没有眼神交流，看起来明显很不安。）

分析师：离开你的父亲、你的朋友、你的家、你的治疗师，来到一个全新的地方，一定很难。
（他的声音变得柔和起来，继续告诉我他的分析师的办公室比我的大。）

托　德：我听说你很不错。（短暂的沉默之后，他说）我把我的猫奥斯卡带来给你看看。它在车里和保姆一起。你不介意我把它带过来吧？我觉得你可能想见见它。

分析师：今天有奥斯卡陪着你，让你不那么担心会见到谁，尤其当你从来没有见过我或和我一起工作过时。你也想让奥斯卡来见我。

托　德：我可以现在就去把奥斯卡带来吗？
（他没等我确认是否允许他把猫带进房间就迅速站了起来，朝门走去。几分钟后，他抱着一只名叫奥斯卡的大黑猫走进了房间。）

托　德：奥斯卡和我睡在一起。有时候莫莉也想和我一起睡。

分析师：你喜欢奥斯卡和莫莉选择和你在一起。我应该理解你直接告诉我的一切，并在我们一起工作之初就了解你的生活的一切，这对你来说似乎非常重要。

托　德：是的，如果你知道所有的事实，这样我们就有了一个好的开始。
（他一直把猫抱在怀里，直到它开始蠕动。他把猫领到候诊室的保姆那里，然后回到咨询室。他很高兴把猫拿给我看。）

分析师：有件事看起来对你很重要，就是你想要确保把家里所有的成员都介绍给我认识，包括你的猫，不要漏掉任何成员。

托　德：（他发出一声咕哝，点头表示同意。他接着说）我保姆的爸爸在一次行动中被杀了。她爸爸开始感到头痛。他得了脑瘤。她去和她叔叔住在一起。她开始在一家保姆中介公司工作，这就是她和我们一起生活的原因。
（然后他告诉我他是多么喜欢踢足球、打棒球、打曲棍球和打高尔夫球。）
（他说他的父亲是一名体育老师，喜欢谈论体育，喜欢在电视上看体育节目。）
（在和我说话的时候，他开始揪自己的头发。他拔下一缕头发，让我看了看发根。）我忍不住想让你看到我头发末端的毛囊。我不知道这一切是怎么发生的。

分析师：你的意思是说你拉扯头发的行为让你糊涂了？你告诉我这件事发生的时候并没有拔头发的意图。它就是这样发生了，不受你的控制。

托　德：我不觉得疼。拔完后不久，我发现我的头上又出现了一块秃斑，衣服上到处都是头发。不是所有堪萨斯州的老同学都用奇怪的眼神看我。只有几个人会对我说脏话。相信我，我这么做不是为了引起他们的注意。我就是忍不住。

分析师：你想知道我怎么能帮你解决拔头发和抓挠皮肤的问题。你想让我弄清楚你脑子里在想什么。你也想让我明白你无法控制自己时所感觉到的不知道的感受。

托　德：我脑子里装着太多强烈的情感。

分析师：扯头发就像想摆脱无法忍受的坏情绪。

托　德：是的，有时候我脑子里会有一些声音，我无法摆脱。我妈妈让我的情况更糟了。她总是把自己的想法强加给我。她还是个大骗子。她认为是我在说谎。说谎是我们家的遗传！我的另一位治疗师B无法控制我拔头发的问题。你见过像我这样有这么多秃斑的人吗？我不介意一整年都戴着我的棒球帽！

分析师：随着我们彼此更加了解，我们有很多问题要解决。但现在，我们必须在几分钟后停止。

托　德：那个角落里好像有一个沙盘！明天见你的时候我想玩沙盘。你把所有的盒子都放在那里，我想看看里面有什么。我的保姆明天带我来。

（他用认真的语气说这些话时，看起来很严肃。）

更近期的一次会谈

现在，他继续和我一起工作，但有时他会因为课外运动训练而缺席会谈。有时他的足球训练和他每周四次的分析相冲突。他培养了思考的能力，并为自己一头浓密的头发感到高兴。他穿得更时髦，更像一个预科生。

在这次治疗中，他带着严肃的表情走进了我的诊室。

托　德：你知道，我历史得了 A+，科学得了 68，我好想得 92 啊。我得提高我的数学成绩。科学是 F，都是因为我缺了一周的课。我很努力才把它提高到 C+。英语是我的强项，但我也只拿到了 B。我妈妈因此对我很不高兴。你知道吗，我的论文写的是威廉·斯塔福德（William Stafford）的一首诗。你一定知道他的诗，知道他是谁。他获得了"美国桂冠诗人"头衔。我喜欢他的诗。

分析师：你想确定我了解他，这样就可以确保当你谈论他时，我能更好地理解你及你的感受。你的热情表明你喜欢他的诗歌。

托　德：是啊，虽然他是个和平主义者。这次我要更加努力地写论文。我知道我能提高成绩。

分析师：你知道成绩并没有达到你想要的水平。你想要表现出你能做得更好，这将证明你的卓越能力。

托　德：是的，我能证明下个季度我也能表现得很好。

（停顿了一下，他说）我妈妈不想让我去看《教父》（*The Godfather*）这

第4章 托德：一个处于潜伏期的自伤男孩的案例分析

部电影，但我想看。她和我一起看了一部分，但看了一半就停了。令人沮丧的是，她没有解释原因，只是停止了。我告诉过你她不再打我了而且似乎更愿意听我说话了吗？

分析师：这一定给你带来了很大的不同，你在她身边可能会放松些。

托　德：我还在为她不让我看电影而生气。在周中看电影有什么不对吗？如果你是我妈妈，你会让我看的。难道你也不会吗？

你知道我为什么喜欢看《教父》吧。我父亲的家族属于黑手党，而我的意大利裔美籍背景是我想看这部电影的原因。妈妈不明白这对我有多重要。这是一个特殊的情况。我生她的气了。她说天空是蓝色的，然后又说："托德，你说过天空是黄色的。"我觉得她有记忆问题。这真的是记忆问题还是她忍不住要撒谎？她骗了我父亲！

她不相信我。她指责我撒谎。我只是重复一遍，确保她能听我说完。她以为我改变了立场，但实际上是她说了一件事然后又说她从来没说过。

分析师：既然你马上要离开母亲去和父亲待三个星期，那么告诉我你不喜欢母亲的地方就变得更容易了。

托　德：是啊，现在我又饿又累。你们有燕麦棒或无花果棒吗？

（我把零食递给他。他来我办公室的时候，大部分时间都是饿着的。）

她要去巴黎，她要和那个男人以及她的朋友一起度过她的时光！我不担心她。

我喜欢和爸爸住在一起。我希望我能和他住在一起，不必再回来和她住在一起。

分析师：谈论你强烈的感觉会让你又饿又累，尤其当你要去度假的时候。你将有三个星期见不到我。你没有谈论这点。

（我认为他要食物是为了保证从我这里得到养育和温暖。这样他就能确保我们之间的联系没有结束，而且他还能在旅途中带走一些关于我的东西。）

托　德：我不知道，但是这两天我一直胃痛。我觉得你说得对，三周不能见到你是有事发生的。也许我的胃痛传达给我一些关于我内心的感觉，就像现在，我知道我拔头发是为了摆脱内心的坏感觉。因为某种原因，这个假期感觉比其他时候要长。我要三个星期见不到你了！如果我需要谈谈，我可以给你打电话吗？我知道你会同意的。

结　　论

创伤文献表明，被忽视的儿童在儿童保护服务案例中占最大的比例。忽视对儿童造成的不良影响可能超过身体虐待的影响。我的精神分析案例展示了一个不是母亲"想要的"、受到母亲剥夺和虐待的孩子如何发展出了一种不被其他人爱的幻想。

在一项关于母子关系失调的研究中，母性可以被看作一项被孩子出生所激活的逐渐演变发展的计划。研究中的母亲属于安娜·弗洛伊德（Anna Freud）所说的"不情愿的母亲"（A. Freud, 1955）。

托德被忽视和虐待的心理影响对其自我的身体完整性造成了威胁，损害了他的自我价值感和自尊。托德母亲在心理上的不可获得性导致了依恋问题。

用温尼科特（1960）的话说，没有一个受虐的孩子可以脱离他的现实关系世界而存在。托德经历了母亲的虐待，成为一个不被需要的孩子。在托德的例子中，我们可以看到他是如何应对心理上不可获得的母亲的，她的母亲把做母亲的任务完全委托给保姆，对孩子发出的信号尤其是孩子寻求安慰和理解的请求没有反应。

他的精神分析治疗通过使用诠释和把分析师的存在作为发展性客体，促进了他的情感发展。他可以将他的情感需求带入治疗关系，在那里感到安全和"被抱持的感觉"。他也能够发展出更好的自我调节能力，因为他感到内心更稳定。

幸运的是，他母亲的求助是一个有利的迹象，为托德提供了一个结构化的精神分析性容纳和发展的客体，这个客体为他提供了新的内化的形成。安娜·阿尔瓦雷斯（Anna Alvarez, 2012）描述了从虐待中恢复的过程中的各个阶段，以及如何需要对非虐待客体有信心。这似乎在托德的分析治疗期间都已发生。

参 考 文 献

Alvarez, A. (2012). *The Thinking Heart*. London: Routledge.

Freud, A. (1955). *Safeguarding the Emotional Health of Our Children: An Inquiry into the Concept of Social Work: Case Work Papers*. New York: Family Service Association of America.

Winnicott, D. W. (1960). The theory of the parent-infant relationship. *International Journal of Psychoanalysis*, 41: 585–595.

第5章　受虐儿童——一个无止境的、悲伤的故事

对当前难民危机中受虐儿童的一些观察

玛丽安·洛伊辛格-博勒伯

个人的初步意见

我想先总结一些我们在进行中的精神分析预防项目中所观察到的受虐儿童的临床表现。但有时，时代会发生戏剧性变化：作为法兰克福的西格蒙德·弗洛伊德研究所的负责人，我从2015年10月份开始在西格蒙德·弗洛伊德研究所的室外服务框架下，全身心投入于一项面向受创伤难民的特殊服务。同时我也负责一个名为"一步接一步"（STEP-BY-STEP）的试点项目，该项目旨在帮助身处于达姆施塔特市迈克里斯多夫营地中的难民们。因此我希望能够分享一些经验、临床观察以及对精神分析概念的思考。我将聚焦于一个问题，即我们作为精神分析师，是否以及如何在如此严峻的社会形势下，为帮助遭受严重创伤的难民儿童和青少年做出贡献。作为精神分析师，我们对于人为灾难对受创伤的人以及他们的后代可能会造成的破坏性有着广泛的了解。我们是否能减少这种可能性，即创伤往往以一种隐蔽的破坏性方式决定着成年难民的生命，还包括他们的孩子甚至孙辈的生命？

引　言

所谓的难民危机让政治家、市民以及包括医生、社会工作者和精神分析师们在内的其他专业团体都感到非常惊讶。2015年，德国有1 091 894名寻求庇护的人在电子信息处理系统"寻求庇护者的初步分布"（Erstverteilung der Asylbegehrenden，EASY）上登记。每天的媒体报道使我们必须面对难民及其孩子们的巨大痛苦和绝望。在德国，这些报道可能会唤起人们尤其是老年人对第二次世界大战后1400万难民的回忆。与战争、恐怖和逃亡相关的对人类灾难的个人和集体记忆，可能是令人惊讶的"欢迎热潮"的原因之一。一方面，这也是成千上万德国人愿意为难民提供支持的原因之一；另一方面，也可以看到对难民的暴力和敌意激增，令人担忧。难民之家每天都遭到炮火攻击！

在巴黎、布鲁塞尔以及现在维尔茨堡和慕尼黑遭遇袭击之后，德国民众对宗教恐怖主义和激进主义的担忧逐渐增加。这是因为有几十万难民在德国没有经过审查。某些派别的传教士试图在难民抵达营使青少年难民变得激进，德国专家已经对行为发出警告（见Wikipedia: Flüchtlingskrise in Deutschland，2015）。

因此，目前正在进行的紧张讨论聚焦于德国社会内部出现分裂的可能性。对难民产生矛盾和不同反应的一个原因可能是，战争难民也会引发人们无意识地联想到"创伤"这个词。[1]换句话说，极端的体验会使自我暴露于对死亡的恐惧、无助和无力感中，从而以一种将一个有用的客体和一个积极自我的基本信心崩解的方式把自我淹没。

对于感知到创伤和受到创伤的人来说，生物学上根深蒂固的逃跑冲动在他们的反应中普遍存在。这是一种回避、否认以及对无法忍受的事物视而不见的冲动。为了能够对遭受创伤的难民和移民表达共情，我们总是感到紧张，而我们有必要抵消这种冲动。事实证明这非常困难，因为目前的形势提醒人们，所谓人为灾难的背景下造成的严重创伤不仅给一代人的生命带来负担甚至造成摧毁，而且往往会传递给子孙后代。

精神分析师能够为当前紧迫而复杂的社会形势做出贡献吗？在过去的几周里，我们每天都面对这个问题，尤其是在一个专门的精神分析研究所里，即西格蒙德·弗洛伊德研究所。我只能简要地提及我们的两项工作：(1) 在门诊部与难民的工作；(2) 帮助在营地中的难民（"一步接一步"项目）。

在西格蒙德·弗洛伊德研究所的室外服务框架下与受创伤难民的工作：一个例子

在法兰克福的精神分析中心，即西格蒙德·弗洛伊德研究所内，设定了不同的精神分析机构为难民提供特定的危机干预和精神分析治疗。我们建立了一个专业的网络，与这群患者讨论具体的挑战和治疗技术。来自难民和酷刑受害者心理咨询中心（Psychosoziale Beratungsstelle für Flüchtlinge und Folteropfer, FATRA）的同事们在具体的治疗问题上提供了一些培训课程（比如，与翻译人员一起工作等），交流他们自20世纪90年代巴尔干战争之后与难民工作的经验。

在这种情况下，我将总结对一位青少年难民（A先生，来自厄立特里亚的17岁难民）进行危机干预的第一次经验。"我不希望我妹妹跟着我从厄立特里亚到德国。"A先生在体重急剧下降并遭受了危险的身心状态后，被他的社工转介给我。他早上不想起床，也不愿去学校（上学）。

我第一次见这个年轻人的时候感到非常震惊：他看起来接近于厌食的状态，有一副"冻结"的面部表情，表现出非常严重的抑郁。他试着跟我用英语和德语交流，但显然很困难。他告诉我，他已经有几周没有跟他的父母交谈过。我建议他试着在研究所里面用我的电话打给他们说几句。他很悲伤地说，他有一个14岁的妹妹在两周前离开了他的父母，他们不知道她的下落。

他同意由一名翻译人员陪同进行第二次面谈。在第二次见面时，他谈到了他那次创伤性的飞行。他离开了厄立特里亚，否则就会被应召参军多年。他的父母不想冒这个风险。他的父亲已经在军队中待过几年而且经历了非常可怕的事情。他现在已经残疾。这个家庭非常穷困。他飞到苏丹，在那里被想要敲诈其家人钱财的罪犯抓住了。他们抓住他，并把他关在一个森林里四个月。他差点饿死了。他好几次受尽折磨。他们为防止他逃跑，用燃烧的钉子严重地损毁了他的大腿。这些罪犯直到知道他的父母无法支付赎金的时候，才放他走。在穿越撒哈拉的飞行中，他经历了其他严重的创伤，在利比亚那可怕的几周里，他遭受折磨，差点丧命。他终于逃了出来，在一艘去兰佩杜萨岛的船上找到了一个安全的地方。船上的一些人淹死了。一年前，他终于成功抵达德国。当他在面谈中提及一家德国诊所用手术帮他治愈了大腿深处的伤口时，他第一次笑了出来："我甚至可以再次踢足球了——德国真好！"

在面谈结束时，他谈到对妹妹的担心，她可能遇到了"和我一样的可怕经历，她可能在苏丹，我也待过的那个地方。我经常想到她，尤其在晚上。"当谈到利比亚的时候，他崩溃了。在那里他目睹了对年轻妇女残暴的强奸。

我诠释道：

> 我知道你患有严重的抑郁，因为你无法保护你的妹妹，你感到自己作为她的哥哥对她负有责任……这让人很难承受。但是你对卢旺达和利比亚的可怕局势并不负有责任。当然，如果可以，你愿意帮助你妹妹……或许你认为你必须放弃你现在生命中所有积极的东西——你在学校里的好成绩，你的健康，还有你在德国对未来的美好希望，因为你感到如此内疚。

这个诠释显然打动了他。社工告诉我，他重新开始吃东西并去学校。

他现在不愿意接受更多的治疗，而是更愿与法兰克福的厄立特里亚社区联系。这位厄立特里亚翻译人员已为法兰克福这个庞大和成熟的亚文化敞开大门。正如这个例子所表明的，对创伤内在反应的精神分析性理解（如这个案例中一种幸存者的内疚感）在与难民的危机干预工作中往往是富有成效的，尤其是当难民还处于青春期的情况下（Leuzinger-Bohleber et al., 2018）。

"一步接一步"——支持达姆施塔特抵达营难民的试点项目

自2003年以来，西格蒙德·弗洛伊德研究所与安娜·弗洛伊德研究所密切合作，特别是因为对创伤及其代际传递的精神分析知识，它们在"卓越倡议"的体制框架内参与了若干项目的早期预防工作（见示例，Leuzinger-Bohleber & Lebiger-Vogel，2016；Wolff，2014）。[2]基于对大约3000个有移民背景（主要是难民）的创伤家庭的实证研究，2015年10月，黑森州社会事务部要求西格蒙德·弗洛伊德研究所将"一步接一步"这个试点项目概念化，以帮助达姆施塔特"首次抵达营"的难民家庭。作为一个示范项目，它将会被科学评估，如果被证明是成功的，那么该项目会在黑森州的其他难民营实施。在这里，我只能简要地描述一些从2016年1月项目启动以来的初步经验。

那些在政治上负有责任的人寻求安置黑森州达姆施塔特难民中特别脆弱的群体（带着婴儿独自出行的母亲、家庭、孕妇以及特别是受创伤的难民）。为了与上述提到的西格蒙德·弗洛伊德研究所的精神分析预防项目保持一致，"一步接一步"项目通过与当地团队的密切合作，提供初步的专业支持。从长远来看，鉴于相关家庭应该会被分配到达姆施塔特或其周边地区的永久性住房这一事实，需要有其他的援助步骤来加强支持。这使得"一步接一步"项目有可能做得更多，甚至是长期帮助这些受创伤的难民融入德国（见示例Leuzinger-Bohleber & Lebiger-Vogel, 2016）。

精神分析试点项目"一步接一步"建立在什么概念上？

当到达米凯利斯村的时候，西格蒙德·弗洛伊德研究所与一群来自歌德大学的同事和学生们一起提供了几个日常模块——与当地团队紧密合作——寻求为难民创造最低限度的安全方针；最初，在可靠的、共情的和专业的关系中给予接纳和容纳的体验。例如，这种尝试的一个标志是，该机构没有被称为"首次抵达营"，而是"迈克里斯多夫"*，这是一个社交聚会场所的隐喻，在社区中受到欢迎的隐喻：在那里每个人都应该是一个特殊的个体和人格，带着他们特有的（创伤）历史，他们的脆弱，但是也带有他们独特的天赋、才能和能力。这些个人能力、专业技能等都应该得到认可、支持，并加以利用，即便难民只会在村子里待几个星期，也能通过具体的、富有成效的方式为村子里的社会生活做出贡献。

因此这个村子首先努力为难民提供安全和庇护。背井离乡、孤独和不安全的感觉被迅速地抵消，以试图防止重新激活无助、无能、极度绝望、痛苦和恐慌等创伤体验，比如噩梦、闪回等。所以，日常结构、接触，包括它们之间的关系至关重要。据推测，对社区的最初感觉，刚到达的感觉和归属感——犹如乡村生活——将会出现，正如许多研究表明的那样，这不仅仅对东道国的"欢迎感"来说非常重要，而且它加强了日后外国人要融入的意愿。为了加强社会合作，该项目的目标是，让每位居民（任何年龄）每天接受大约两小时的积极支持（"接受一些东西"）。此外，每位居民应当每天提供两小时自己的劳动，亲自为村子展开一项活动（"给予一些东西"）。

"一步接一步"项目包含以下基于精神分析的模块。

迈克里斯多夫援助人员的督导

针对创伤难民的具体工作，以及持续变化的机构情况，都给当地的社会支持团队和医疗团队带来了巨大的挑战。每周对整个团队进行的精神分析督导显然非常有帮助，既有助于理解创伤难民及其家庭的精神动力学，也有助于处理与创伤个体工作时的典型反移情反应（见示例 Bohleber & Leuzinger-Bohleber，2016）。精神分析督导也有助于应对过度饱和与超负荷的危险，维持专业边界，从而预防

---

* Michaelisdorf：德国小村庄的常用名。——译者注

第 5 章 受虐儿童——一个无止境的、悲伤的故事 55

"助人者"之中出现的耗竭、抑郁和身心反应。事实证明，它还有助于加强专业信息流动。

举一个例子：在一次督导中，团队报告了一名来自阿富汗的单身母亲，A女士，她已经在自己的房间里待了五个月，由于迈克里斯多夫最初几周的混乱情形，她被社会援助团队"遗忘"了。有一天，这位母亲请求医疗团队将她四个孩子中的两个带走，"因为我感觉超负荷了"。在督导中，我们讨论了社工们的愧疚感，以及不将这种"失败"分裂出去而是在督导中对它们进行专业反思的必要性。

这节督导结束后，我与一位翻译人员一起拜访了这位妇女。她处于一个非常危险的精神状态中。她有幻觉，而且存在偏执性幻想：她说，她四个孩子的父亲雇用了一个犯罪团伙来把孩子从她身边带走，他想把他们带回阿富汗。这四个孩子显然也处在糟糕的精神状态中：他们全都躺在床上（在上午11点），而且看起来非常抑郁且冷漠。在与这个妇女交谈期间，我想到了"美狄亚幻想"*（Leuzinger-Bohleber，2001）。我担心这个母亲会对孩子做出伤害，这或许是她想在紧急行动中将两个年幼的孩子"送走"的一个原因。

我们立即为A女士组织了一个日常支持系统。我们组织了几次危机干预。她拒绝用药，但是因为每天接受心理支持，她看上去有所缓解。孩子们被带去上日间幼儿园和语言课程。我们安排这个家庭转到达姆施塔特的一处安全住所中，在那儿她将由一位社工照料。"一步接一步"项目已经为这位妇女安排了精神疾病评估，以及对整个家庭的进一步措施（比如幼儿园、学校、个人合伙或者A女士的长程治疗）。

在后续的督导中，我们讨论了所有的观察和干预措施。我们组织社会支持团队定期、系统地检查所有在村子里的家庭，以预防一些（抑郁的）难民再一次被

---

* 美狄亚（Medea）是希腊神话中的女性，科尔喀斯国王埃厄忒斯的女儿，与前来寻找金羊毛的伊阿宋一见钟情，并用魔力帮助伊阿宋取得金羊毛，之后双双乘船私奔。伊阿宋回国后，移情别恋，美狄亚极度悲愤，由爱生恨，杀死自己与伊阿宋所生的两个孩子，毒死伊阿宋的新欢，逃往雅典。——译者注

"遗忘"。

与医疗服务和社工团队合作，每周对创伤难民进行精神分析评估和危机干预

每周都有经验丰富的精神分析师为受创伤家庭、孩子和青少年提供精神分析评估和紧急情况中的危机干预（见上述案例）。

针对怀孕和有宝宝的妇女的精神分析取向团体 ——"最初几步"

每周为孕妇和养育婴儿的母亲提供两小时团体服务，在团体中讨论当前移民环境下新手爸妈的问题，并以一种文化敏感的方式促进母婴专业性互动。[3] 鼓励一些来自难民团体的女性以"协同带领者"（共同顾问）的身份加入团队（"给予一些东西"）。

许多年轻妈妈因为在原本的国家和飞行途中的创伤经历而发展出严重的产后抑郁。她们中的很多人是暴力和强奸的受害者。有一些人要求终止因为暴力强奸而导致的怀孕。由于"一步接一步"项目的专业网络，我们可以在一个合适的诊所里提供这种（晚期）妊娠中断，并且在（怀孕）终止之前和之后提供精神分析危机干预。

所有这些妇女后来都进入了"最初几步"（FIRST STEPS）团体，她们在哀悼过程中以及作为母亲与她们的其他孩子待在一起的过程中得到了支持。大部分难民母亲都非常年轻而且有许多个孩子。这些母亲们通常说着同样的语言，并开始彼此建立联系，这是融合的关键一步。

儿童精神分析（绘画）团体

儿童精神分析师参观了日间幼儿园和语言课程，以便尽早识别需要特殊支持的儿童。这些孩子每周都会被送到由经验丰富的儿童青少年精神分析师组织的儿童（绘画）治疗团体中。在这些团体中，孩子们有机会表达他们沉重的经历,甚至是创伤经历,从而能够将自己的经历传达给受过专业训练的治疗师。许多研究表明,这对于创伤经历的处理非常重要,即不让孩子独自面对他们的经历,而是鼓励他们在精神分析的设置下,在一个受保护的空间里谈论这些经历。一些来自女性难民团体的女性被邀请来支持这个绘画团体,比如做翻译("给予一些东西"。)

一个6岁的男孩反复讲述他在叙利亚的经历,他在所在城市的购物区目睹了一名自杀式炸弹袭击者。他的父亲告诉治疗师,他的儿子后来有多么不安。他开始口吃,有严重的噩梦和攻击性的爆发。

第一次危机干预可以在迈克里斯多夫的治疗组中进行。一旦那个男孩以及他的家人在达姆施塔特找到一个长期住所,他们就需要长程的精神分析帮助。

针对青春期男孩女孩的精神分析取向团体

精神分析取向团体关注青少年的兴趣。除法兰克福歌德大学的学生和西格蒙德·弗洛伊德研究所的一名工作人员外,还将视情况为特别困难的青少年提供进一步的援助。村里的一些父亲和母亲也被要求参与到援助中("给予一些东西")。

在男性青少年团体的第一次会议中,西格蒙德·弗洛伊德研究所的工作人员与青少年一起粉刷了迈克里斯多夫的房间,为之后创造一个聚会场所。一些青少年在房间的墙上画了叙利亚的国旗。这导致阿富汗青少年决定停止参加这个团体。然后在翻译人员的帮助下,青少年之间开始了有趣而富有挑战的讨论:德国的联合聚会场所必须为来自不同国家的难民们提供空间,这些难民来自叙利亚、阿富汗以及其他国家,比如非洲国家。这些谈话第一次引发了对青少年议题的初步思考,比如身份、宗教、文化和民主。

不同年龄团体的语言课程

为学龄前儿童、小学生和青少年以及成人提供每日语言课程。

成人晚间（教育）计划

西格蒙德·弗洛伊德研究所的工作人员和专业治疗师与来自迈克里斯多夫的工作人员一起提供各种主题的晚间项目（例如，难民和寻求庇护者在德国遇到的法律问题，在民主制度中的价值体系，也包括养育相关的领域、睡眠问题、养育方式、德国的教育系统及女性角色等）。他们可以运用不同的资源，比如电影和图片材料；目标是通过培训计划建立信任，在最好的情况下，避免在迈克里斯多夫内部出现以国家为单位的小团体，以及促进在诸如暴力或卖淫等难题上进行对话。

众所周知，德国第一批收容营的不同难民群体之间已经爆发了暴力（例如，不同宗教群体之间的暴力）。也许多亏了"一步接一步"项目提供的一系列规定，幸运的是，到目前为止，这种暴力行为还没有在迈克里斯多夫发生。

结　　论

我试图传达我们的经验，这些经验表明，精神分析由于其知识的广度，比如关于创伤和代际传递，早期和终身发展，养育，以及移民和逃亡，或许确实为支持第一批难民收容营的（受创伤）难民，以及在精神分析室外服务中进行危机干预加入了专业知识。我理解，对目前难民危机中令人困扰和复杂的社会局势来说，所有这些努力都只是沧海一粟。然而，这确实是一个尝试，与"广义的精神分析"保持一致，为支持难民提供我们的专业知识。[4]

注　　解

[1] 我们沿用波勒伯（Bohleber，2010）对创伤的狭义定义：创伤经历可以被描述为一种"太多（too much）"的经验。自我充满了无法忍受的痛苦、绝望、

无助，通常带来的长期结果包含对死亡的恐惧。对助人者的基本信任和积极主动的自我意识都会崩溃。"精神分析创伤理论是在两种模型的基础上发展起来的（为了理解现象学和创伤带来的长期结果，我们需要两种模型）：一种是心理经济学，另一种是基于客体关系理论的解释学。心理经济学聚焦于过度唤起和心理无法控制的焦虑，它突破了对刺激的屏蔽。另一模型基于客体关系以及由内在沟通的崩溃而产生的完全抛弃的体验，排除了通过叙事手段整合创伤的可能性"（Bohleber，2010，p. xxi）。

[2] 创意中心是一个跨学科研究中心，从不同的视角研究"处于危险中的儿童"。目前为止，来自不同学科（比如教育科学、神经科学、精神分析和发展心理学）的100多名研究员共同合作。这个中心得到德国黑森州的美德倡议的支持（见示例 Leuzinger-Bohleber，2015）。

[3] "最初几步"（FIRST STEPS）项目是由西格蒙德·弗洛伊德研究所和安娜·弗洛伊德研究所合作为难民实施的项目。这个试点研究开始于2007年。2010年在法兰克福实施了最初的研究，自2012年起在柏林实施。这个项目聚焦于让有移民背景的儿童尽早融入社会，在移民和早期的养育关键阶段为他们的父母提供支持。通过采用前瞻性随机对照组设计，将精神分析取向的早期预防项目（干预措施 A）的成效与由辅助性专业人员提供的（干预措施 B）结果进行比较。干预措施 A 是一项由家庭和中心干预结合的、以早期育儿知识为基础的支持移民家庭的专业服务。干预措施 B 是由具有移民背景的辅助性专业人员提供的以中心为基础的服务。在法兰克福和柏林已联系了1000多个家庭。在这里，330个家庭决定参加这个项目，并被随机分配到干预措施 A 或干预措施 B。在法兰克福，大约有140个家庭连续参与这项研究，在那里已经完成招募。柏林的招募还在进行中。这些家庭在孩子生命的前三年将会得到支持和评估，直至进入幼儿园。该研究将评估社会和家庭压力源，亲子互动质量，儿童依恋安全感，儿童的情感、认知和社会化发展，儿童在入园期间的生理应激水平以及这些家庭的社会融合程度。

[4] 初步的结果表明：专业的支持和良好的早期教育（干预措施 A）改善了移民儿童的社会情感、认知和语言的发展以及家庭的社会融合。由于在法兰克福成功实施了该项目，德国已开始进一步推广，除了柏林之外，目前在斯图加特正在实施另一项"最初几步"项目（见 Emde & Leuzinger-Bohleber，2014；Leuzinger-Bohleber & Lebiger-Vogel，2016；Leuzinger-Bohleber et al.，2011，2012；Rickmeyer et al.，2016）。

参 考 文 献

Bohleber, W. (2010/2018). *Destructiveness, intersubjectivity and trauma: The identity crisis of modern psychoanalysis*. Routledge.

Bohleber, W. & Leuzinger-Bohleber, M. (2016). The Special Problem of Interpretation in the Treatment of Traumatized Patients. In: *Psychoanalytic Inquiry* 36: 60–76.

Emde, R. N. & Leuzinger-Bohleber, M. (eds) (2014). *Early parenting and prevention of disorder: Psychoanalytic research at interdisciplinary frontiers*. London: Karnac.

Leuzinger-Bohleber, M. (2001). "The Medea fantasy". An unconscious determinant of psychogenic sterility. *The International Journal of Psychoanalysis* 82: 323–345.

Leuzinger-Bohleber, M. (2015). *Finding the Body in the Mind – Embodied Memories, Trauma*, and Depression. International Psychoanalytical Association. London: Karnac.

Leuzinger-Bohleber, M., Rickmeyer, C., Tahiri, M., Hettich, N. (2016). Special Communication. What can psychoanalysis contribute to the current refugee crisis? Preliminary reports from STEP-BY-STEP: A psychoanalytic pilot project for supporting refugees in a "first reception camp" and crisis interventions with traumatized refugees. *International Journal of Psychoanalysis*.

Leuzinger-Bohleber, M. & Lebiger-Vogel, J. (Hg.) (2016). *Migration, frühe Elternschaft und die Weitergabe von Traumatisierungen: Das Integrationsprojekt "ERSTE SCHRITTE"*. Stuttgart: Klett-Cotta.

Leuzinger-Bohleber, M., Bahrke, U., Hau, S., Arnold, S., Fischmann, T. (eds). (2017). *Flucht, Migration und Trauma: die Folgen für die nächste Generation* (Vol. 22). Vandenhoeck & Ruprecht.

Leuzinger-Bohleber, M., Parens, H. (Eds.) (2018). Trauma, Flight and Migration. Special Issue of *International Journal of Applied Psychoanalytic Studies*.

Parens, H., Leuzinger-Bohleber, M., Brisch, K.H. (2018). Prevention in mental health. In. Akhtar, S. & Twemlow, S. (eds) *Textbook of Applied Psychoanalysis*, New York: Routledge, 267–287.

第6章 施虐者的形成

约翰·伍兹

引 言

一个孩子是怎么变成施虐者的？我们知道施虐者通常在他们还是孩子的时候，就遭受过某种形式的虐待（Finkelhor, 1983; Beckett, 1999），尽管不一定是性方面的虐待（Bentovim & Williams, 1998）。但只有部分受虐儿童会继续虐待他人，就像只有部分儿童会继续发展自我毁灭行为一样。显然，儿童应对虐待经历的方式存在个体差异，可能他们处理创伤的方式也有所不同。

许多研究表明，心理和身体的创伤对于理解儿童性虐待的影响至关重要（Bentovim, 1996; de Zulueta, 1993; Herman, 1992）。但我们所说的"创伤"，从其本质上来说是语言使用的自然延伸，因为对于那些可能会被痛苦、恐惧、焦虑、"难以承受的感受"等心理状态所威胁的人，这是至关重要的（Horne, 1999, p. 268）。除了重复，这种创伤体验也可能因为太多而无法用任何方式表达出来。显然，有些人会继续给其他人造成这种创伤。

从一开始就对创伤的残余物进行治疗对于帮助有施虐行为的年轻人来说至关重要（Hodges et al., 1994, p. 305）。因为并非所有被忽视或遭受暴力创伤的孩子都会重复这些模式，他们对创伤的反应一定有所不同。也许只有在回顾时才能识别影响潜在施虐者发展的内部过程。也许从心理治疗中我们可以推断出早期经历对后期发展的影响，尽管预测这些后果可能要困难得多。

温尼科特（1960）认为，没有一个受虐待的孩子可以脱离他的现实关系世界而存在。儿童不仅是特定创伤经历的产物，也是一个环境的产物，在这个环境中，有一个人（通常是男性）会施加权力和控制，成功地使照料人员（通常是女性）无法发挥作用，从而导致对儿童（通常是女孩，但不总是女孩）的剥削。本托维恩（Bentovim）将这一系列相互关联的角色整体定义为一个"创伤组织系统"（Bentovim，1996）。我已经提出了这种复杂的权力结构是如何被年轻的施虐者内化，并在行动中复制的，而不是像自毁的精神病理那样保持在内部（Woods，2003）。受虐的孩子认同攻击者，这是一种保护自我免受不可接受的感情伤害的一种形式（A. Freud，1936，pp. 109-121），他让自己感受关怀和关心的能力失效了，也扼杀了内在的脆弱孩子。治疗的目的可以是区分和重新调整这些混乱的认同，但由于虐待场景的活现已经发生在孩子的外部世界，因此治疗干预必须对孩子的外部现实和内部现实进行同样多的工作。接下来介绍的案例展示了儿童体验的这些不同方面之间的相互作用，这些相互间的作用可以导致改变。

一个临床叙事

我在候诊室和小患者道别时，感到如释重负。尽管我试着维持表面上的良好状态，但还是被他刻意地忽视了。他的养母停下来，遗憾地看着他和我。我说："没关系。"可他却冷冷地看着我，什么也没说，然后他们就离开了。我怀着沉重的心情回到了治疗室，把到处散落的坏玩具和碎纸清理干净，这样才感觉稍微好一点，然后坐下来，回想起我早早结束的另一次治疗。我要等到下星期才能见到我的督导师。一想到还要忍受两次咨询才能得到她的支持，我的心就沉了下来。但又想起了她带着责备的话，"他（来访者）不是为了让你自我感觉良好而来的！"看着桌上的凹痕，我对这次失败的咨询感到疑惑。他是不是想告诉我一些我应该听到的事情，而不是被迫停止？他给我传达的信息就是："滚开！"他为什么不告诉我呢？毕竟，我给了他什么呢？治愈他不快乐的方法吗？几乎没

第 6 章 施虐者的形成 65

有。我或者任何人能弥补他作为难民的破碎生活吗？帮助他不再因为自己的行为而被其他孩子憎恨和排斥，不再让他的养母无法忍受？不，我无法把他变成一个快乐的、适应良好的孩子，或者改变他因为粗暴的性侵犯而被社会唾骂和排斥的命运。尤其我无法纠正他父亲过去对他的性虐待。我想起了我与他的咨询是如何开始的，刚开始他表现出了焦虑和遭受了创伤的状态，被羞耻感和焦虑所困扰；我原以为他可以接受别人通过理解他的痛苦而给予的帮助。然而，在几次咨询后，任何与我的接触都被他拒绝了，现在我看到越来越多这种冷漠的敌意。当冲突发生时，他感觉自己必须接受一个限制或做出让步，说实话，有时我感觉从不认识这个孩子。

9岁的里克，因强迫性性行为、攻击、肛门手淫、大便失禁、诋毁、性猥亵幼童、拒绝上学和虚假指控年长儿童性侵犯而被转介过来。他还被描述为表现出过度反应的迹象，并进入了解离状态。他被带离了自己原来的家人，他们是来自一个饱受战乱蹂躏的国家的难民。据推测，他可能在很小的时候就遭到了父亲的性虐待，尽管他一直拒绝证实这一点。其他孩子揭发了他父亲的性侵犯（行为）以及母亲的共谋行为。社会关怀部门认为，提供一名来自同一原籍国的单身养父母并不是理想的选择，但这已经是可提供的最好选择了。专门帮助难民家庭的社会工作者对这个案子感到不知所措。养母的容忍度很快就到了极限。在经过初始评估后，里克接受了每周三次的高频心理治疗，同时他的母亲要接受家长指导，所有这一切最终持续了三年。

我回想起我们第一次见面的情景，他找到了一个鳄鱼傀儡，然后对着我大吼，既痛苦又暴怒。因此，我可以看到这个孩子被转介是因为他攻击其他孩子，有时他是故意的，但通常他怒不可遏地指责他们性侵犯他，而事实恰恰相反。我说，我知道他受到了伤害，也许还受到了惊吓；因此，他想要吓唬和伤害别人。当他对此没有回应时，我就比较随意地问这是不是属于他祖国的动物。他立刻放下玩具怪物，开始探索其他木偶，问我它们的名字和身份。但随着他一个接一个地扔下这些玩偶，他似乎更加绝望了。我试图引导他讨论他对祖国或者搬到这里的想法或感受,但没有得到任何回应。在随后的几次治疗中,他继续在地板上滚来滚去,挑衅地露出屁股,并戏弄地笑着说:"你想要我,不是吗?"对这种行为做出反应并不容易,我的本能是给予教育性的反应,告诉他停止这种不适当的行为或者置之不理。后来我才知道,这种行为在他原来的文化中比在这里更让人无法接受。然而,这种攻击性表达是不可避免的,我的督导帮助我理解他是在测试我,看我是否想对他做一些性方面的事情,他需要确定我不会这么做。随后他的行为发生了变化,不是因为他看起来很放心,而是因为他很气愤,好像我把虐待推回了他身上。因此,当他看起来如此冷酷而充满仇恨的时候,我开始害怕他通过用某种形式对我提出指控来行使他的力量。

《儿童心理治疗杂志》上刚刚刊登了一篇由一位心理治疗师撰写的文章,他被一名看护儿童诬告。尽管没有任何确凿的证据,但他还是被停职,并创伤性地受到了彻底的调查(Ironside, 1985)。里克安全地回到他的养母身边,这让我很安心,至少对他来说似乎是这样的,我唠叨着对我的脆弱的恐惧,这使得我开始和同事们讨论风险,尽管他们很同情和理解我,但我意识到任何人都无能为力。他们可能对我作为一个人和一个治疗师有绝对的信心,但如果是一个官方的调查,谁能保证在治疗室关着的门后面发生了什么?我开始意识到这个孩子的实际力量和实际摧毁我的潜在可能性,这不是象征性的,而是在现实中,我在"玩炸药"(Welldon, 2011)。

在治疗初期,房间里的混乱让我觉得他需要看看我是否能忍受他混乱愤怒的自我。然而,任何短暂的平静,任何治疗中在一起的感觉都会导致突然的攻击和焦虑加剧。他允许自己玩的唯一象征性游戏是鳄鱼再次向我咆哮。如果他停止攻击我,他就会陷入痛苦,说:"我只是狗屎,我不应该活着。"他宣称要杀了我然后自杀。他似乎无法忍受治疗中的亲密,所以我小心翼翼地保持距离,但他在咨询结束时拒绝离开房间。他冷淡而仇恨的神情似乎减轻了他的情感混乱,让他恢复了一种掌控感。咨询结束后,他在养母的帮助下得以离开,但仍会觉得自己被欺骗了。他用凿桌子的方式来挫败我产生的任何进步的感受。在尝试了所有我能想到的解释之后,我终于不得不警告他,咨询将不得不停止。(我在治疗的一开始就制定了"不伤害任何人或任何东西"的规则。)他愤怒地质问我:"你阻止我试试!"我站起来走开了。他跑出房间,消失在走廊里。因为我已经没有追他的习惯,所以就去了等候区,随后他带着胜利的表情来了,但至少很平静。

法医心理治疗的原则是在施虐者身上找到受害者的影子(Cordess & Cox,1996),帕森斯(Parsons)指出,在"缺少保护性他人"的情况下,暴力如何可以成为心理自我对于感知到的威胁的一种自然反应(Parsons,2009,p. 362)。临床经验证明,寻找暴力的创伤性根源是有效的(de Zulueta,1993),但由于受害者本人也可能替施暴者隐瞒,于是情况就变得非常复杂。阿尔弗雷德(Alvarez,2012)展示了"无动机的恶意"是如何被调动起来,以保护施虐者免受他实际上是受害者的任何感觉。因此,施虐者可以宣称自己是受害者。性欲化在这个过程扮演着重要角色,因为它既能保持对一个变态客体的依恋,又能防止被抛弃的恐惧(Glasser,1996)。

里克最初的治疗显示,他接触到了一个无法被养育或被治愈的迫害性自我。然而,他对肮脏的和被鄙视的自我感到羞耻,这似乎驱使他走向暴力。作为对他所受到的伤害的报复,自杀的念头和姿态很容易出现。但由于他的心灵被他父亲的虐待所笼罩,他感到难以忍受,我们只能想象在他的生活背景中存在的痛苦的社会状况。治疗关系成了这种破坏性动力的载体。任何接近治疗师的感觉都对他有极大的威胁,必须通过对控制和性欲化的斗争来抵制。就像格拉斯(Glasser,1996)在分析性变态的根源时所描述的,这是一个明显的"核心复杂性焦虑"的例子。里克在治疗中带来了作为父亲性虐待受害者的体验,这种体验是非言语性的;他似乎在治疗场景中重新体验了某种虐待。治疗师有时会站在施虐父亲的立场上,但也可能会立即转变为被虐待的孩子。他在性方面的屈服姿态是邀请我对他进行性虐待,但在某种程度上,这将是他的胜利,并完全扭转角色。因此,他可以完成这些矛盾的角色,现在他是我的受害者,但随后变成虐待者,使我成为无助的受害者。我们陷入了一个特别恶性的循环:他不断地测试极限,迫使我设定界限，这使他感到被我虐待，我感到很焦虑，担心被指控为虐待者，而我实际上成了被虐待的孩子。就这样，我想我感觉到了一种存在的恐惧，那是他在遭受虐待时一定会感受到的，也是作为遗产被他所携带的。即使是我对他的性行为感到厌恶，这也一定是他自己经历的翻版。

与督导一起工作，使我能够看清楚这种情况：出于重复被虐待时的恐惧感和无助感的影响，他使用了被虐待自我的大量投射。我被迫接受，在这项工作中没有人可以诉诸他人格中更为合理的部分，或者诉诸一个一致的治疗联盟。相反，被虐待自我已经在虐待中找到了满足，尽管它受到了创伤，但它只想进一步虐待。我承认，有时我会怀疑，在他短暂的一生中发生了那么多事情之后，成为一个施虐者是否是他唯一的可能。另一方面，如果他能让我在安全的候诊室里找回他自己，以及如果有其他类似的时刻，那么也许还有一线希望。

阿尔弗雷斯（Alvarez，2012）一直致力于追求与成人精神变态工作的连接，特别是与梅洛伊（Meloy，1985）的工作。当我意识到这个孩子在用仇恨来对抗丧失和脆弱时，我觉得我就是Alvarez所说的，在"用眼睛直视邪恶"。在成人期，个体经历了从依赖发展为成瘾过程，在这个过程中，残酷的行为代替了对最初失去的客体的渴望（Alvarez，2012，p. 158）。然而，对里克来说幸运的是，至少作为一个孩子，他的不成熟隐含着改变的可能性。我寻求了他养父母的帮助。

里克母亲在场的治疗使我重新回到治疗角色，并且用评论回应了我们所有人都需要保持安全而不是相互折磨。在没有中断她的养育会谈的情况下，联合治疗进行了一段时间。在任何儿童的心理治疗中，有效的家长工作都是必不可少的，但这种个案需要额外治疗。与父母或照顾者在一起工作的咨询师需要有一种特殊的适应力或灵活性，以避免受到创伤重演的威胁。

我要感谢我的同事帕森斯，她和里克养母一起的出色工作使我们的治疗和工作得以继续下去。这位母亲能够克服里克在她身上引发的严重无助感，并且作为第三人调节了我和我的小患者里克之间的情感联系。里克（可以）更平静，不太需要激怒我或者试探我的底线。也许里克有一个并没有完全被施虐者控制的生母，他现在在两位治疗师所提供的治疗空间中，可以重新找到那些更好的早期体验。

有了治疗的安全结构，与里克的交流就可能出现一定程度的象征化。通过游戏，我们可以看到里克的脑海中持续存在的更多施受虐互动。

（在游戏里）国王是一个恃强凌弱的父亲形象，他强迫庞奇打扫厕所，但庞奇总是做得不够好，总是被严厉地命令"再做一次！"，然后还被迫住在厕所里。但庞奇有一个救命恩人，那就是王后，他们一起密谋打败国王。在国王殴打、监禁和折磨庞奇时，有很多暴力场景的排练和改编，紧接着是王后来看望他，她安慰他并喂他吃东西，把他从厕所或监狱里救出来，以便谋杀国王。将这些角色翻译成一部俄狄浦斯式的家庭剧并不难，他们一般代表着父亲、母亲和男孩。

受害者和施虐者动态的纠缠关系在该剧中有据可循。我们可以看到里克的俄狄浦斯期发展是如何被虐待扭曲的。他的父亲并不是一个简单的俄狄浦斯期形象，却以一种截然不同的方式对他的性发展产生了影响。里克似乎把自己想象成一个被阉割、被消灭，沦落到只为复仇而存在的废物的状态。他既失去了照料他的前俄狄浦斯期母亲，也没有接近俄狄浦斯的发展阶段。他似乎除了扮演一个施虐父亲的投射外，没有任何身份，但同时又以一种假装顺从女性的形式来认同自己。

因此，他可以通过卑鄙地控制他的任何客体来维持某种平衡，这完全是施虐者和受害者的悖论。对他来说，在外部世界中拯救某种形式的男子气概的唯一方法，就是通过虐待其他孩子来认同他的变态父亲。随着他的长大，这将成为一种强迫，因为只有这样，他才能够抵御毁灭和绝望的感觉。

在咨询中，我利用置换技术进行诠释（Melandri, 2012）。在这一点上的解释意在强化这部戏剧在情感上的意义，比如庞奇的愤怒和恐惧，以及他在监狱里苦苦挣扎时的绝望。这与里克自身经历的联系并不明显。当国王或父亲因自己的过错而受到严厉的惩罚时，庞奇有一种复仇胜利的喜悦。这些和里克自己生活之间的相似之处不需要说明。我相信这些故事有它们自己的力量和动力。施受虐互动引起的治愈方案，在游戏中呈现而不是在移情中发生，并在里克自己的脑海中给予满足。王后的形象代表了父母的关心和对痛苦的感同身受，尽管里克的母亲是这个游戏的观众，但她也参与其中，我相信她能感觉到这个游戏的象征意义。其他孩子也出现在游戏中，随着庞奇不再挨打和受虐，冒险和探索的故事将成为可能。很快就有报告称，里克在家中的生活发生了变化，冲突和痛苦减少了，在学校的情况也有所改善。在游戏中发生的暴力和虐待仍是里克内心世界的一部分，但现在可以通过象征的形式而不需要真实地重新上演。解释不是为了强化他对虐待的恐惧，而是反映他对安全和希望的需要可以被理解。例如，我会指出"国王或父亲需要得到帮助来停止欺凌"，而不是"你的欺凌需要被帮助"。这种解释的目的是，在游戏中强化看似恰当的防御或升华，而非通过减少至最初的创伤性因素来削弱它。最后，里克分享了关于他的祖国的想法和记忆，并非所有都是创伤。他还能说出他希望这个国家获得和平。

Alvarez（2012）描述了从虐待中恢复的过程的各个阶段，以及如何需要对一个不虐待的世界抱有某种信念，对不虐待的客体持有某种感觉。这将会同时导致铭记和遗忘。这里，记忆可以通过某种程度的象征发生，而遗忘则通过有条件的否认和置换得以实现，这可能需要治疗师几年的努力，但正如他们所说，这是另一个故事。

在其他地方，我提出了一种治疗模式，适用于那些既施虐又受虐儿童的特殊需要（Woods, 2003）。精神分析心理治疗通常被认为在处理行动化或反社会行为方面效果不佳（Roth and Fonagy, 1996），但由于其对个人需求的适应性，经过一定的调整，却可以成为这些患者的治疗首选。在这个治疗模式里，治疗师的非指导立场非常重要，因为孩子会将什么带入治疗中是无法预测的，治疗师的反应也不能由一个结构化的治疗方案预先决定。就像这个个案一样，在治疗中经常需要根据孩子的需要对设置进行调整。

然而，对这类治疗有一些一般性的考虑。首先，需要特别注意家庭系统或照料人员网络，治疗需要被视为监控和保持安全的一部分。里克很幸运，养母和他保持着良好的关系,她可以使用为她提供的支持。但在很多虐待儿童的案例中,家庭往往已经破裂,儿童只能依靠一个试图代替家庭的专业网络。这网络往往是支离破碎的,如果要治疗可行,则需要做很多工作。其次,任何试图提供治疗工作的人都必须预料到会经历受害者和施虐者动力的重复。这些创伤不会消失,但需要表达。孩子身上的受害者会在治疗师身上寻找一个施虐者,就像孩子身上的施虐者会试图在治疗师身上创造一个受害者一样。这两条线往往会错综复杂地、危险地缠绕在一起。

施虐的儿童是否构成一个独特的患者群体?也许他们有共同的特点,但正如朱蒂斯·托洛维尔(Judith Trowell, 2007)在她的详细研究中观察到的虐待对儿童不同阶段的影响,性虐待不是一种诊断。受到持续性侵犯的孩子会根据环境和他们的特殊特点,以各种方式适应这种生活。精神分析心理治疗是一种独特的研究工具,它揭示了创伤反应如何从自我转移到他人身上,这一过程导致了年轻施虐者的形成。随着个人故事证据的出现,它也允许虐待的叙述被象征化、重组和改变。

最后,回到最初的问题:这个被虐待的孩子是如何成为虐待者的?不可能有简单的答案,但心理治疗的过程可能会提供一些推论。儿童与他的治疗师建立的关系有情感创伤及受害者和虐待者动力互动的明显痕迹。很难想象一个没有受到性虐待的孩子会把这些问题带到治疗中。最初对治疗师的恐惧及取悦和引诱治疗师的企图只是孩子对创伤反应的一个层面。很快,情况发生了逆转,治疗师变成了受害者,被仇恨控制。这种移情的扭曲源于孩子与施虐者之间经历的印记,他的变态适应;也就是说,他把受害者身份转化为施虐者身份的能力。幸运的是,治疗参数能够保持足够灵活性,可以在设置中提供一个额外的控制层,而这会逐渐被孩子内化。

致　谢

感谢社会关怀机构和患者，允许我对相关材料做适当的修改并发表。感谢玛丽安·帕森斯女士在治疗和论文方面的出色帮助，感谢扎菲力尤斯·伍兹（Zaphiriou Woods）女士对作品的情感影响部分给予富有帮助的评论，感谢安娜·阿尔瓦雷斯（Anne Alvarez）女士热情、智慧和慷慨的精神。

参 考 文 献

Alvarez, A. (2012). *The Thinking Heart*. London: Routledge.

Beckett, R. (1999). Evaluation of Adolescent Sexual Offenders. In M. Erooga & H. Masson (eds), *Children and Young People who Sexually Abuse*. London: Routledge.

Bentovim, A. (1996). *Trauma Organised Systems*. London: Karnac.

Bentovim, A. & Williams, B. (1998). Children and Adolescent Victims who Become Perpetrators. *Advances in Psychiatric Treatment* 4: 101-107.

Cordess, C. & Cox, M. (1996). *Forensic Psychotherapy*. London: Jessica Kingsley.

De Zulueta, F. (1993). *From Pain to Violence*. London: Routledge.

Finkelhor, D. (1983). *Child Sexual Abuse*. New York: Basic Books.

Freud, A. (1936). *The Ego and the Mechanisms of Defence*. London: Hogarth, 1968.

Glasser, M. (1996). Aggression and Sadism in the Perversions. In I. Rosen (ed.), *Sexual Deviation*, 3rd edition. Oxford: Oxford University Press.

Herman, J. L. (1992). *Trauma and Recovery*. New York: Basic Books.

Hodges, J., Lanyado, M. & Andreou, C. (1994). Sexuality and Violence. *Journal of Child Psychotherapy*, 20: 283-305.

Horne, A. (1999). Sexual Abuse and Abusing in Childhood. In A. Horne & M. Lanyado (eds), *The Handbook of Child Psychotherapy*. London: Routledge.

Ironside, L. (1985). Beyond the Boundaries. *Journal of Child Psychotherapy*, 21: 183-206.

Melandri, F. (2012). A Long Journey from Catastrophe to Safety. In N. T. Malberg & J.

Raphael-Leff (eds), *The Anna Freud Tradition*. London: Karnac Books.

Meloy, J. R. (1985). *The Psychopathic Mind*. London: Aronson.

Parsons, M. (2009). The Roots of Violence: Theory and Implications for Technique with Children and Adolescents. In M. Lanyardo & A. Horne (eds), *The Handbook of Child and Adolescent Psychotherapy*, revised edition. London: Routledge.

Roth, A. & Fonagy, P. (1996). *What Works for Whom*. New York: Guilford Press.

Trowell, J. (2007). The Effects of Child Sexual Abuse. In C. Thorpe & J. Trowell (eds), *Re-rooted Lives*. London: Jordan Publishing.

Welldon, E. (2011). *Playing with Dynamite*. London: Karnac Books.

Winnicott, D. W. (1960). The Theory of the Parent-Infant Relationship. *International Journal of Psychoanalysis* 41: 585–595.

Woods, J. (2003). *Boys who Have Abused: Psychoanalytic Psychotherapy with Young Victim/Perpetrators of Sexual Abuse*. London: Jessica Kingsley.

第7章　迷失的孩子

劳拉·托格诺利·帕斯夸里

成人之间性交的幸福成果，有时候是一个孩子的出生；而成人与孩子性交的悲剧性结局则永远都是一个孩子的死亡。这个简单而残酷的真相，就是一名分析师在接近受虐儿童或者曾经是受虐儿童的成年人时，所需要承受的重击。

要接近一个被虐待的人的孤独和痛苦领域并不容易，因为正如路易斯·卡布雷在他的章节中所写的：越早期的创伤，越难以理解，其体验越令人困惑不已。

独自一人，孩子无法用语言或图像来表达和阐述这种经历。他被一种无名的痛苦，一种深深的不舒服，以及一种被罪恶玷污的内疚所侵袭。所以对他们来说最好是隐藏这件令人痛苦和困惑的事情。

不仅仅是孩子，成年人也一样很难想象虐待的情景，尤其如果犯罪者是某个亲近的人，某个"不受怀疑"的人时。因此经常会发生这样的情况——当孩子鼓起勇气开口寻求帮助时，他会遇到"怀疑与指责"的高墙，陷入最绝望的孤独中。

否定证据比面对无法接受的现实更容易，所以每个人都喜欢遗忘。

尽管犹豫不决，我还是决定和大家分享一个非常令人不安的临床情况。

乔　治

当我们进入非常困难的分析时刻时，乔治已经接受分析工作一年了。治疗进展缓慢，充满事实，缺乏情感。我的干预是浅显、无聊和迂腐的。我觉得它们没有生命。这些工作中，缺少分析所带来的神奇瞬间，诸如用过去的记忆点亮当下，或者通过触摸某些真实感受到愉悦，或者尝试塑造欲望、唤醒兴趣。

尽管如此，乔治似乎很乐意来分析，当他不得不错过一次治疗时，会感到痛苦。每当他来到咨询室，都会用灿烂的微笑迎接我，而这并没有让我振作起来，反而让我感到内疚。

我的感觉是，我正在沿着狭窄的轨道绕行，被一种由我的患者甚至是我自己的无意识所支配的引力所推动，这种力量使我与他保持距离。我们孤单相对，无法触碰彼此。随着时间的推移，我感觉像是被淹没在一个没有洞察力的世界里。

有一天我问他是否记得做过的梦，他说："不，在我们第一次见面时，我跟你说了那个噩梦之后，我想我就不再做任何值得做的梦了。"

一个可怕的梦浮现在我的记忆中：他的祖父，带着一张恶犬般的脸，按门铃。乔治被吓瘫了。我知道这场噩梦会以一个更令人不安的顺序继续下去，尽管我尽了最大的努力，我还是记不起来了，就好像噩梦的第二部分掉进了一个黑洞。乔治帮助我记住，同时这些图像与我内心的细微感受与震撼重新连接。场景变了，时间地点都不一样了。乔治和他的女朋友正试图将肛门导管插入他们小狗的体内，以帮助它排便，但他们错误地缝合了小狗的肛门。不管是在梦里还是在我身边，乔治都不是特别担心。

我们的第一次见面给他留下了深刻的印象，他还清楚地记得我当时对他说的话。我告诉他，他给我带来了一个祖父的形象，他还在那里，在他身边，就像一只斗牛犬，不会让它的猎物走。他敲响了我们分析开始的钟声，表明他就在我们身边，比以往任何时候都更鲜活，仍然能够激起乔治和以前一样的恐惧。

我曾告诉乔治，想到自己并不孤单对他来说是一种莫大的安慰。他现在有了一个伙伴，可以分担照顾他的小狗的责任，照顾他内心中温柔细致的东西，而今它们正被某些又臭又坏的东西入侵。

我曾告诉他，他正在将分析描绘为清除他内在所保留的所有垃圾和污垢：一种适合这种用途的导管。我们还谈到了另一种愿望，那就是永远关闭他内心的一切，从而感觉得到治愈，永远从一种非常有害的、艰难的经历中解脱出来。我们都觉得那只被缝了肛门的小狗很好地代表了这种悲剧的可能性。

当乔治非常清晰地讲述我们的第一次见面时，我也被带回到第一次相遇的场景，回想起这个英俊的年轻人所讲述的故事在我心中唤起的痛苦和悲伤。在他很小的时候，大概3岁，他的祖父第一次走进他的房间，从那时起，每个星期天，乔治感到被承诺、威胁和勒索逼着躲在那里和祖父待在一起。所以，当妈妈做午饭，爸爸看报纸，姐姐和朋友们在一起时，"可怜的"祖父在祖母去世后独自一人忙于"照顾"这个小孩子。随着时间的推移，性方面的要求变得更加具有侵入性和持久性，并且威胁变得更加暴力，以确保乔治充满内疚和痛苦，并保持沉默。虐待一直持续到乔治12岁——祖父去世时。

在向我述说他的故事时，乔治感到非常悲伤而尴尬，还偷偷地用藏在牛仔裤口袋里的纸巾擦掉了眼泪。

但突然，他振作起来，笑着向我保证，他已经不再想受虐待的事情了。现在一切都好了："那段糟糕的时期已经过去了，我身上没有了它的痕迹。"他有些自豪地说："甚至我和父母之间的困难也解决了。"

的确，当他祖父去世后，他鼓起勇气先告诉他的姐姐，然后告诉他父母关于受虐待的事情，但他们并不相信他。

的确，当他们指责他说谎，编造整个故事时，他感到更加孤独和绝望。他过去习惯说谎，但这一次，他觉得他失去了父母对他的全部尊重，和他对他们的全部信任。

的确，有时痛苦变得难以忍受，他无法摆脱持续的内疚感，他害怕和一个女人在一起，参加考试就像一场噩梦……但现在一切都好了："我对自己的愤怒做了很多工作，并且感觉被治愈了，我现在很快乐，充满活力，身边有很多女人，我对生活充满期待并且我也想找一个好的伴侣。"

当我告诉他，他的口袋里藏着那么多泪水，看起来很孤单，他的眼睛又充满了泪水，放开自己哭了出来，这是他憋了太久的哭泣。就在那时，他流着泪告诉我那个恶犬的梦。一个一年来我已经将其抛弃在思想角落,远离我的意识的梦。

现在,感到困惑和内疚的是我。如果想一想这个梦,现在我似乎可以从另一个角度来看待它,并以一种与我第一次听它时略有不同的方式来解读它,这种方式却能让我看到实质上完全不同的东西。

乔治当时和现在以两个悬浮在时间中的形象面对我,这些形象既是同时的,又属于不同的生命年龄段。在一个梦中,有一个孩子被他的怪物祖父吓坏了,一个和他独处的孩子,被他致命的控制所指定的受害者。在另一个梦中,两个成年人不允许小狗在漫长而复杂的过程中使用自己的内脏去完成喂养和成长、进食和消化、吸收和排便、清洁和变脏、玩耍和面对现实。

两个成年人全神贯注地杀死一只小狗,浑然不觉,完全漠不关心。

自从我们第一次见面,乔治就预料到我会给他什么样的帮助。我会帮助他永远封闭自己内心的虐待,不让愤怒、痛苦或羞耻伤害他。我会成为一个贴心的伴侣帮助他埋葬:小狗的身体,我们在分析的孩子,这个关于虐待的肮脏故事,一个没有人想听到的、玷污了所有有关一切、只能被忘记的故事……他几乎做到了这一点。

这是个令人不安的体验,意识到自己不知不觉地扮演了父母中的某个角色,去帮助另一方隐瞒他们的孩子拥有如此糟糕的经历,因为它们不能成为嘴里的话,所以只能从肛门出来。我从来没有想到,我会阻止一个孩子的成长,通过禁止他谈论一段令人难以忘怀的经历,一些肮脏到让人难以忍受的东西。这是对我分析师身份的沉重打击!

尽管有些东西打破了我的确定性,伴随着一种混乱和无力的悲伤感,我也能够意识到我的禁令标志着分析的一个转折点。

强烈的不安全感使我更加关注和接近乔治,乔治反而允许我进入与他更亲密的领域。我甚至可以被允许看到他的温柔和脆弱:只有在我面对了自己自恋的创伤后,他以前强烈否定的情感才能在现在、在分析场景中找到位置。

当我从自己的角度上明白,快速遗忘的迫切需要如何在一个永恒的当下创造了一个创伤性记忆的结晶时，以前无意义的咨询变得充满了意义，这些意义是我以前所看不到的。我看到了虐待如何伴随着它所携带的一系列情绪：愤怒、恐惧、胜利、兴奋、冷漠、痛苦……在所有毁灭性的混乱中，受害者的梦想、恐惧和希望始终如一。

我们在咨询中发现了发生在我们之间的虐待，我们能感受到它们，在身体的重量里，在言语的不适中，在为一个没有理由存在的想法感到的突然焦虑中；在猜疑、指责、困惑中；在对暴力的愤怒中，当一些东西被扔到我们体内时，我们几乎无法抓住，即使它本不属于我们。在咨询中，我们体验到保持自己的想法是多么困难，受虐者如何以一系列的屈服和暴力侵入我们的头脑，不给分析师留任何时间去思考。

愤怒和孤独，但也有一种强烈的兴奋，迫切希望继续前进，从一些身体上的危险中获得快乐，这种危险会引发羞愧和巨大的混乱，模糊了一切，使自己无法保护自己。我们感觉到我们的想法如何进入一个受虐者的头脑，就像它们再次侵犯他或她。我们可以触摸到他们内在的愤怒、胆汁和血液，它们混合在一起变成了偏执、抑郁或受虐狂的梦：疯狂的岩浆。

一个虐待者可以找到无数的描述来表达自己。伴侣的背叛，就成了隐晦的邪恶，在身体里筑巢，侵入心灵。检查变成了对入侵的恐惧，留下了无名的痛苦。不被承认与绝望的贬低有着微妙的联系：事实上，常见的情况是，虐待者在收集所有快乐的同时，将所有的内疚和痛苦扔给被贬低的受害者。再次体验这些情绪，在移情中体验它们，重新创造了肥沃的土壤，帮助花蕾生长，枯枝开花，孩子们再次玩耍。

有一次，一位患者评论说："就像我们在玩'冻僵的狼'。你还记得你被黑狼抓住时不得不冻僵，直到一个朋友过来抚摸你，你才能再次奔跑吗？"

那个游戏不是我小时候常玩游戏清单上的一部分，但我立即把它变成了我的希望，尽管我年纪轻轻，希望能多次来玩这个游戏，当然，最偏爱的是一个用温暖的触摸解放朋友的角色。

然而，我常常被指派扮演一个冻僵的孩子，或是一只进入内心的黑狼，在一片死气沉沉的寒冷中死去。容忍它并不容易，但当情绪开始流动时，它们在移情中创造了一个动态的情境，在这个情境中，角色可能会尝试成为受害者和攻击者，一个冰冷的孩子旁边，也有人可以触摸他或她，并给予他或她再次移动的力量；此时，枯燥乏味的咨询充满了愤怒、痛苦和恐惧，但也充满了希望。

在我看来，最困难的分析任务是接触恋童癖，即儿童的诱惑者。但他也需要被解冻。他也被困在一个虐待的情境中，永远地冻结在当下。虽然我们知道，说"他伤害了我很多"比说"我帮助他把他关起来或缝合他的肛门"要容易得多，但我们也必须站在犯罪者这边等待。我们可以在个人层面和在受虐待的患者身上看到这一点，对他们来说，接近他们所忍受的痛苦和愤怒更容易，而不是接近诱惑和残酷的领域，因为要在后者那里理解谁是诱惑者、谁是受害者是很困难的。

当一个我们害怕成为或我们知道是恋童癖的人，走进我们的房间、躺在我们的沙发上时，这就更困难了。

除了难以管理我们的反移情以及逃避那些令人不安和可怕的东西的自然倾向之外，我的印象是，为了应对性变态行为，分析师不得不探索我认为在分析文献中被忽视的一种特定类型的客体关系。我在思考比昂的负连接理论（negative links, 1967）。嫉妒和感恩的互换并不能帮助我们理解变态者的行为。这种激情交替创造了一种持续紧张的关系，在这种关系中，爱与恨交替统治着对方，而对知识的需要，尽管理想化或贬低了客体，但终将服从现实，让生的本能统治死的本能。变态需要另一种土壤来成长和发展。它们不是在充满激情关系的腐殖土中开花，而是在没有连接的土地里绽放。我认为我在行动中所看到的机制并不是基于嫉妒而是基于偷窃，因此不是感恩而是隐藏。

当你偷东西的时候，你不感激你的受害者，你必须准确地隐藏它，保守它的秘密，不让任何人看到它。

变态者只会把他偷窃的东西展示给那些愿意被骗相信它们属于他的人，然后这些人落入偷窃者的网中，成为偷窃的受害者，这样他会得到极大的快乐。

诱惑和否定,而非贬低和攻击,是这个游戏的武器。

分析变态行为是一项非常困难的任务,因为当你发现自己在感到最同情和最接近他们时,恰恰成了变态者的受害者。在这里,第三方的存在是非常有用的,有时甚至是不可或缺的,因为可以帮助我们在分析过程中看到这些机制的运行。

一个儿童的诱惑者会把我们带到一个很容易失去平衡的地方,无意识地支持他们的防御,或成为他们的控告者,这样做可以让他们任由自己的变态摆布。

马 可

一位年轻的分析人员来找我,要求我提供有关恋童癖的帮助。马可,一个伪装成"永远的青少年"的男人,要求接受分析,因为他害怕自己会被"真正的青少年"所吸引——他过去常和他们在一起,更害怕对能像成年人一样说话的聪明孩子有性欲。

马可害怕他的性需求,他觉得这是危险的,但同时又可以把它说成是他帮助孩子成长的爱的欲望,一种合法的爱,只有变态的头脑才会认为这种爱是有罪的。马可的矛盾心理与分析师的反移情产生了共鸣,他觉得自己被恋童癖所诱惑:一个没有人愿意倾听的人但又迫切需要谈谈他的欲望,甚至他有一些如果保密可能会变得更加危险的"小小的行动化"。

与此同时,分析师有一种被马可迷住的印象,就像一个天真的女孩相信"我帮助孩子成长"的童话故事。她知道她的患者需要帮助,但她也感觉受到诱惑而相信他,她害怕马可来分析只是为了找到一个证人来证明他的善意。

他们两个,马可和分析师,都不能真正地和恋童癖待在一起:一旦他(恋童癖)被接触,他会立即被两个人推开,因为他们害怕他。

我认为在这样一个模糊的状态中,领悟可以来自微不足道的事情,咨询中的亲密感可以通过移情和反移情的体验带来希望。这种体验满足了理解事物的需要和乐趣,在我看来,是分析的心脏,是一种情感,它给我们力量去面对我们在患者和自己身上发现的最令人不安的部分。

因此,我想尝试和你们一起重温我在许多咨询小节中选择的一节咨询,我认为它照亮了我试图描述的东西。自从马可将并不令人愉快的发现(对一个10岁孩子的性吸引,或许只是喜欢)带到分析中后,假期已经过去一周了。这个孩子是他朋友的儿子,曾与马可共进晚餐。分析师发现这是一个宝贵的讨论机会,她觉得马可似乎正好在对不得不离开分析表示不高兴的时候,发现了这个孩子的智慧和他"像大人一样说话"的能力吸引了他的眼睛、诱惑着他的身体。

假期结束后,马可面带微笑走进房间,像往常一样进行他所谓的"清除",即把他随身携带的任何东西放在桌子上:硬币、钥匙、电话、纸巾。他缓慢而有节制地做着这些动作,然后走向沙发。他在途中滑倒,但很快调整了平衡,并再次微笑,他问分析师是否度过了一个不错的假期。然后开始说话:"我写信给菲利波感谢他建议我做分析,这是一个很好的建议,甚至我应该早点来这里。不管怎么说,我真的觉得上星期离开你的时候,我已经把一切都藏起来了。"假期前的咨询给了分析师很大的希望,而最新的陈述让她很失望。为了恢复那一刻的优雅,她提醒马可,他当时是如何因为能够说出来而感到轻松的。

"是的,"马可回答,"而且我能看出有问题,我甚至呜咽了一下,这让我很恼火,因为这使我觉得自己很愚蠢。你不应该觉得我没有考虑过你说的话,我反复推敲这些话,因为对我来说,知道我能做到这一点很重要,更重要的是让你知道我能做到。当我看到一部关于儿童因为受到虐待而遭受痛苦的电影时,我感到难过。我昨天看了一部电影,一个孩子被强行与母亲分离,当孩子再次找到母亲时,我感到非常激动……但后来我停了下来。我哭是因为难过,还是因为我喜欢孩子?"

"也许根本就不存在那种分离,"分析师回答,"也许你一开始真的想给一个被遗弃的孩子爱和保护,然后你感觉被他吸引了,这好像暗示了一些什么,让你感到害怕。"

"你说话的方式让我感觉好像好一些(沉默)……什么也没想到(沉默)……

只知道在我小时候,我不能坐在我母亲的腿上,因为她患有疝气,我曾经以为我的体重会把她压垮。"

当分析师想起马可告诉她他想拥抱他自己时,她很感动,接着是一阵沉默:"这是因为你从来没有被拥抱过吗?"她问自己也问他。

咨询继续进行,给分析师留下一股令人厌恶的酸甜味道,像未消化的东西,思绪的碎片落在她的反移情中。她印象中,马可很高兴地回到了分析工作中,但他也在某种程度上鄙视分析工作。她有一个画面,马可在看电影时呜咽,却无法与哭泣的孩子在一起,同时她也有一种令人不安的感觉,即自己在治疗过程中无法与哭泣的孩子待在一起。她知道她很生气。

这位分析师对我说,"马可不想为他来这里感到高兴,他只会因为看到了问题而高兴,而不是因为再次见到我。问题就在那里,但我不在(分析师充满激情地补充道)……一切都变得正常了,并且无论我说什么,这都意味着我是一个软弱的母亲,希望孩子快速成长,因为如果我抱孩子,他们对我来说太重了,我会破碎。如果他们想要被接纳,他们必须带来已经反复推敲后的想法,他们必须是成年人,我不能容忍孩子。我知道这一点,但我不能把这些感情返回给他,我害怕自己会太痛苦,相反地,我变得太甜蜜,但我知道我不能待在哭泣的孩子身边!"

劳拉·托格诺利的评论

我相信,只有在移情中,我们才能探索和经历马可与自己的母亲建立的特殊关系。她被剥夺了所有母性特质,变成了一个完全依赖于马可的"奇妙迷人的朋友",马可可以告诉她一切而不会被评判,无论何时总被认为是明智的。对于他的母亲,马可总是"那个声音",知道什么对他自己和她是好的还是坏的。马可让他妈妈读他写给他最喜欢的孩子们的信,告诉她他会如何爱他们,他总是得到她同样的回答:"你真是太好了!"

回到咨询中,我想我会让他看到,当他到达时,他把他所有的东西放在桌子上,就像一个律师必须去探望一个囚犯,然后当他离开的时候,他又重新把它们拿起来,和以前一样的状态。他的想法是不是也一样?

他走向沙发时,滑倒了,但立即站了起来,还反过来安慰分析师说他很高兴有机会认识她。然而,如果分析师认为他思念她,她就错了。他只乐于研究"问题",留下一个不能长大成人的鼻涕小孩,抱着自己,他唯一能忍受的就是哭泣。

真正可悲的是,在分析中,他无法面对被虐待的孩子,这个孩子被当作囚犯禁锢在他的内心里。分析师的休假对孩子而言就像呈现了一部内心电影:一系列的图像讲述了一个孩子因为与母亲分离而承受着痛苦。也许马可无法触及自己内心深处的那个孩子,因为当他看这部电影时,充满了疑惑:什么样的母亲会找到那个曾被遗弃并在现在成了自己内心的囚犯的孩子?也许是那个像妈妈一样试图帮助并理解他的分析师?或者是他童年时那个软弱的母亲,因为他太害怕他的需要会破坏她?或者是受他引诱而相信他充满善良、温暖和智慧的母亲?还是被他偷走乳房、而返还以他那渺小而贫瘠的自我的空虚母亲?

在这一节咨询中,失去母亲的孩子找到了一个危险的马可,伪装成母亲,希望他快速成长,希望他拥抱自己,自己做一切:一个伪装成大人的孩子,而马可妈妈会全心全意地爱他。

在我们谈话时,我想起了希区柯克的电影《惊魂记》(*Psycho*),主角装扮成被他杀死的母亲,然后盗用了她的身份;他变成了一个凶残的杀手,谋杀了在他看来是她的嫉妒对象的妇女。当他是他自己时,他可以拥有爱的关系;不幸的是,他往往很快失去,因为当他回到母亲的穿着和身体里时,他被迫杀人。

我不知道马可的未来会怎样,但我知道这不仅仅取决于分析师。这取决于马可在组合和拆解现实的过程中,能够在多大程度上保持对真实的渴望。只有这能让他在受伤的、自恋的痛苦中看到,他嫉妒自己永远不会拥有的东西,尽管他非常渴望它。

关于事实的另一幽光让他发现,他也可以给予一些美好的东西,这些东西永远不会成为别人的财产,它仍然是他自己的,让他也有能力给予。

他将不得不经历一次毁灭性的嫉妒体验,才能感受到感恩的快乐和美好。

在一次咨询期间,我突然看到了一张用意大利语写着"失望"的图片,我清楚地看到它由两个拉丁词组成:"de ludo",意思是退出游戏,不再玩了。我一直都知道,但我从来没有"看透"过它,最重要的是,我从未真的想过,是游戏让孩子成为一个有能力运用巨大的想象力以及从经验和体验到的错觉*中学习的孩子。一个不能玩耍的孩子不再是一个孩子,而是一个缺乏恰当工具来面对现实的小大人。

在一个受虐待孩子的世界里,一个被"妄想"(或者失望,他也许不再被曾经信任的成年人认定为孩子)入侵的孩子,失去了梦想和玩耍的欲望,失去了在安全区域内试探情绪的自由——在这个安全区域中有成年人能够保护他,避免他成为自己自由想象而成的人。失去了在幻想中活现俄狄浦斯的可能性,体验着来自父母爱和恨的力量,而父母是俄狄浦斯期变化中的主要人物。同时失去了看到自己幼小和强大的可能性:一个孩子有权利与自己的想象玩耍,将处理现实的责任交给成人。

"爸爸,等我长大了,我就嫁给你。"

"我会成为世界上最幸运的人,但我不会是世界上最幸运的爸爸,我们要把妈妈放在哪里呢?"

"妈妈会和我们在一起,我会成为你的妻子和女儿,我们会永远幸福。"

我想象着这种用温柔的语言进行的有趣交流会以争吵、拥抱和亲吻结束,这让我想起了一个简单故事的幸福结局,天真而又远离生活的复杂性,但它如何帮助孩子成长和面对俄狄浦斯情结,怀揣真的生活其中的妄想和梦见它的可能性!

理解和爱是提供力量来阐述和克服俄狄浦斯情结必不可少的元素,而不必

---

* 原文in ludo,拉丁语,意思是游戏。——译者注

在现实中付诸行动。

俄狄浦斯是一个被成年人虐待的孩子,这个成年人沉迷于权力、不快乐、充满恐惧。他的父母没有对他说性的语言,也没有说温柔的话,他们没有用任何语言和他说话。他们让他和他的鬼魂单独在一起,挂在他脚边的一棵树上。

父母害怕生与死,当然也害怕性欲,这就不允许我们去探索成人世界里发生的事情。这要么都被允许,要么都注定有罪……当然,最罪恶的想法是想象自己长大后被想要结婚的父母拥抱、亲吻、抚摸。当一种需求得不到满足时,想象总是试图占有那个冰冷而遥远的现实,它想要探索它,亲身体验它,进入它,报复它,直到一种绝望的行动欲望潜入想象,模糊了物质和物理现实之间的障碍。因此,很难确定是否发生了虐待或想象中的虐待:历史事实消失了,留下了黑洞,使生命之路变得黑暗。

★ ★ ★

"我周围有很多雾,我不明白怎么回事,我很困惑,但在一束光中我能看到一个瘦小、脆弱、发育不全的孩子。"我觉得我已经了解他了,但我像是第一次见到他。这是一个失去自己历史的孩子。他不会说话,我怕有人会伤害他。

这个梦深深地打动了我。它清楚地表现了一个被剥夺了历史根源的孩子的弱点,这真的让我震惊。我想,我们的历史是我们真正拥有的唯一东西——我们怎么能失去它呢?如果对过去记忆的丧失剥夺了我们对未来的希望,我们对这个世界又能有什么样的体验呢?

但真正让我感动的,是那个在我眼中一直是犀利而有教养的男人的脆弱,他现在躺在我面前的沙发上,总是沉着而优雅,他如此沮丧,几乎要流泪,因为50年来他第一次发现了自己从未见过的东西。他作为一个没有历史或没有童年的人来进行分析。他是一个孤立在自己的世界里的小大人,时间和外部事件几乎不存在,或者像棉花一样包裹着他。

在分析中,在一个没有记忆的过去的迷雾中,出现了一个毁灭性的孤独的故事,一个在沉默中度过的童年的故事。言语沉默,情感沉默。

这个故事，尽管我很想讲，但太冗长了。

我只想强调，沉默也可以是暴力。

沉默挖了一条裂缝，没人知道的痛苦可以隐藏其中，随着时间的流逝，痛苦变得无法沟通。沉默是一种看不见的暴力，它迫使伤口在有可能了解它们有多深之前愈合。这是一种悄然溜走的暴力，它是安静的，不会表现出来，也不可能成为历史。

参考文献

Bion, W. (1967). *Second Thoughts*. London: Karnac Books, 1984.

第8章 当一些该发生的事情没有发生时

不受欢迎的孩子及其精神变迁

马西莫·维吉娜·塔格利安蒂

创伤：从正性到负性的漫长概念之旅

当前的分析性临床实践越来越多地关注原发性创伤的影响，这些创伤是由于与母性客体建立初次联系时遇到的阻碍或失败所造成的。然而，从最早的诱惑理论，从《癔症研究》(Studies on Hysteria)和《性学三论》(Three Essays on the Theory of Sexuality)到《摩西与一神教》(Moses and Monotheism)，创伤理论的进展作为整个精神分析结构的基石之一，并没有沿着直线发展，也没有在根本上逆转。在《摩西与一神教》这篇论文中，弗洛伊德第一次指出自恋和自恋创伤是创伤性条件的起源因素。

沿着这条持续了30年的概念阐述之路，《抑制、症状与焦虑》(Inhibitions, Symptoms, and Anxiety, 1925)代表了一个重要的转折点。在这部作品中，弗洛伊德明确地将"精神分析"创伤从继承自查科特(Charcot)的"铁轨列车"式的概念中解放出来，查科特认为这是一个独特的外部事件，这种创伤在儿童发展的特定时刻表现出来，导致了无所不在的"创伤情境"。实际上，这个著作包含了三个理论创新。

1. 引起个体内部变化的重大因素，再次被归因于外部。

2. 认为焦虑是一种情感状态,也是(个体)面对危险时给出的具有警戒信号作用的准确生理和心理反应。
3. 这是弗洛伊德第一次指出,在创伤情境的起源中,自我体验到的丧失和无能感发挥着核心作用。总之,创伤可以来自外部刺激,也可以来自内部刺激的过度增加;在这两种情况下,自我在某种意义上被淹没了。

文章把引起创伤的重要原因归因于各种匮乏及缺失的情况(失去母亲的爱或母亲本身,从而相信也失去保护自己远离危险的能力或者缓解内心紧张的能力),同时重新评估了死本能的作用。因此这标志着一个转折点,因为他们首次强调了致病性有负性和正性两个方面(在此之前,攻击性、暴力和诱惑性元素,一直被认为是造成创伤的主要因素)。

不受欢迎的孩子及其精神变迁

费伦齐在1929年的论文《不受欢迎的孩子和他的死本能》(*The Unwelcome Child and His Dead Instinct*)中,研究了这些问题,并将其发展为奠定创伤理论的基础,为创伤的起源引入了一个新的范式,在这种范式中,具有根本重要性的是:由在场的客体(object that is present)扮演对儿童精神发展不可或缺的组织者的角色;真实客体的精神特征;以及在未来几年中被称为客体关系的这段关系。

事实上,他写道,在自己的家庭中不受欢迎的孩子似乎已经从他们母亲有意识或无意识的迹象里观察到她对他们的拒绝或不宽容,因此,他们的生活愿望是被碾碎的(Ferenczi, 1929)。然而,他描述的这个不受欢迎的孩子并不是一个被遗弃的孩子。更确切地说,他是一个孤独的孩子,他可能从生命伊始就被错误对待,或者生下来的时候受到了热烈欢迎,却因为看护者的技能、温柔和热情的消失以至于在后来被"忽视"。长大成人后,这个孩子的性格展现出明显的特征:道德上的和哲学上的悲观主义、怀疑和不信任,以及无法忍受任何长时间的努力以及对工作的厌恶。

之后,温尼科特(1958,1960,1963)表述了一个关于被剥夺的孩子的类似概念(在他能憎恨母亲和理解母亲憎恨他之前,就被自己的母亲所憎恨)。他认为,这个孩子的原初焦虑在他整个人生中都会一定程度地存在和弥漫。因此,费伦齐的论文引入了一系列的思考,重点关注不存在感(sense of not existing),这一要素如今被认为是参与(个体)分裂状态(Fairbairn,1940;Ogden,1989)和抑郁病症发展(Vallino,2002)的媒介之一。没有存在感与母亲的"拒绝"有关,这种拒绝会深刻地影响个体,产生不同的特质效应,从被"几乎没有任何重要的东西"这样一种可怕的原始感觉所占据,到一种彻底的"死亡命令"。事实上,这些个体——其父母是一些缺乏传递生命热情而受苦的人——按照一种无意识的"湮灭"逻辑来构建他们的自体(Meotti,1996)。

这样,对创伤的看法就完全改变了,认为(创伤)实际上会镌刻进客体经验中,这个经验与已经发生的事情无关,而与无法发生的事情有关。它变成了一种痛苦的消极体验,导致了分裂:一种精神上的自我解体,将已经变得不可能的客体关系转变为自恋关系(Ferenczi,1934;Bokanowski,2005)。这种自恋式分裂的主要影响可以概括为:破坏了本能连接的过程;因内摄了不当客体而引起精神上的瘫痪或昏迷、痛苦和绝望;并产生一种原发性无力感,这种感觉可以在毫不起眼的场合被触发,能够引起移情性激情、移情性抑郁和负性治疗反应,这些反应证明了工作中精神破坏性的强度(Bokanowski,2001)。

因此,我们可以假设,"费伦齐革命"认识到了这些人际关系情境的创伤起源,与其说是以成年人的性诱惑为特征,不如说是以儿童早期心理剥夺为特征——这种剥夺往往是无意识的,来源于父母的自恋性伤害。这是一个微妙但具有潜在破坏性的操作,通过精神上的加法和减法(一个"过度在场",或"过度缺席"的客体),对孩子的心理和情感功能产生深远的影响,由此它们深刻地、消极地影响了原初内在客体的初始结构(Borgogno,1999)。在这种特殊的结构中,成人的需求压倒了儿童的需求,因此儿童无法识别自己,最终被否定。类似的事件会破坏心智结构，并助长人格的分裂和解离，这将导致人格的碎片化、原子化以及向攻击者认同，这些都可能导致自我整个部分的异化（Ferenczi，1932，1933）。

温尼科特的观点（1949，1956）出现在费伦齐之后，他认为创伤变迁的起源不在于强加给孩子的许多令人不安的、过早的性刺激，而在于缺乏"一个没有足够好的母亲"的同调，母亲容纳能力不足并缺乏原初母性贯注，不能缓解孩子的无力状态。温尼科特（1963b）特别指出了儿童被不符合其需求的环境因素"侵入"的条件，以及那些我目前试图阐述的、特别令人关注的条件，在这些条件中，一些支持孩子主体化过程的重要东西本应该发生，但并没有发生。

接下来的案例代表性地反映了与这个强大的内摄相关的关系问题，无意识的不存在命令——一种微妙但毁灭性的精神虐待形式——能够导致一个人出现不同的临床表现，从"对任何事情的投入都持续地缺乏热情"，到"不可避免的悲观"和"没有活下去的欲望"。此外，这些材料说明了我们在这些患者身上遇到的困难，他们敢在一个精神分析师面前冒险暴露生命的碎片，在移情过程中，精神分析师变成了一个恨他或她的母亲，或者一个只有他们死了才会爱他们的母亲（Meotti，1996）。关于对令人感到羞辱的母亲（mortifying mother）的认同，这些患者也试图将精神分析师削弱到一个活着但听天由命的孩子的状态，他们的生命力表现，就像他们的解释一样，被系统地拒绝，因为他们被认为是一个具有威胁的变化的载体。

宝拉和诅咒

当宝拉来找我的时候，她40岁，在这个城市最重要的医院当医生，那里的工作节奏和情绪压力真的惊人。她觉得自己完全不适合正在做的工作，并且与同事的比较令她感到非常痛苦，她认为同事们都是"铁人"。

事实上，从孩提时代起，她就深深地感到自己永远达不到要求，认为自己是"一个会在几厘米深的水里被淹死的孩子"。在她第一次咨询的时候，她把自己看作一个"弱智"的小女孩,她生活在一个每天都要面对不可逾越的"建筑障碍"的世界里,只有付出巨大的代价和努力才能克服这些障碍。她感觉自己在两种状态中摇摆,一种是不断地渴望被认定为"残疾人",另一种是对于每个人都能看到居住在她体内的小小的、受惊的宝拉(仿佛她是透明的)的恐惧,这种恐惧可能是发生在她处理危及患者生命的微妙医疗状况时。

为了部分补偿这种脆弱的侵入性感觉,她在丈夫身上找到了一位"父亲—主人"——这位丈夫是一个白手起家的人,他通过牺牲一切幼稚和不理智的方面来弥补自己卑微的出身——(丈夫)在她的生活中陪伴着她,为此她付出了高昂的代价。因为她所做的每一件事都不断地受到控制和轻视,以至于到最后,她甚至觉得自己被打上了不适合生活的烙印。

她已经试着为自己无处不在的痛苦做些什么了,她尝试了几种药物疗法和心理疗法,但仅仅几个月后就放弃了。她找不到痛苦的原因,幻想这可能是由于多年前的一个夏天,她被一个年老的叔叔进行了某种性虐待,尽管她对此一点也不确定,也不记得与此有关的任何具体细节。

在分析的早期,她的叙述让我们了解了她的不安全感,并探索了她严重的自恋缺陷,她的故事集中在工作中发生的事情上,这些事情的特点是都与屈辱有关,她在科室里更资深的医生手下忍受羞辱,或者她值班的时候在咄咄逼人、专横跋扈的同事手下忍受屈辱。她将这些情况视为严重的"虐待",因为在这些困难的时刻,她非但没有得到帮助和认可,反而总是受到批评和贬低。

最初几年的分析戏剧性地揭示了她是被我称为"致命缺陷"的人(借用她在治疗中经常使用的医学术语),这是一种精神上的"呼吸短促",除非付出巨大的努力和承受绝望,否则她无法面对现实。现在她在痛苦中感觉被欢迎、被镜映,在那之前她一直被严厉的、鄙夷的目光注视着,这给她打上了先天无能的烙印,一个可耻的失败——这必然能让她战胜多年来保护她的那种痛苦的麻痹(在那段期间,她将它描述为像"药物引起的昏迷")。她的觉醒并非毫无痛苦,她所做的第一个梦极具象征意义:她正在参加一个葬礼,当她走近棺材时,惊恐地发现是她自己躺在里面，还活着，但已经被挤成一团，就像扔在垃圾场里的一辆汽车。

对生活中所经历的挤压和屈辱的这种深刻理解，让宝拉对自己的成长进行了深入的思考。她开始回忆起与她成长的家庭环境有关的痛苦事件，那里带着强烈的封闭特点，以及僵化的父母客体特征。她开始记起她的父亲非常独裁、严厉，母亲则抑郁、易怒。在她还是一个小女孩的时候，她哭着为自己做的一件小小的坏事而请求母亲原谅，而她的母亲甚至可以一整天不跟她说话。她的母亲真的会"因为她的出生而诅咒她"，因为她是（母亲）在几次堕胎尝试中幸存下来的孩子，她的出生并不像几年后出生的妹妹那样被期待。

在她的家庭中，成为"不受欢迎的客人"给她留下了深刻的印记，极大地影响了她生活的各个方面，而这种致命的渗透只能通过缓慢而累人的"分析矫正"工作来净化。宝拉开始想起，在她毕业后，她没有选择她感兴趣的大学院系，她觉得自己不可能在家人面前捍卫这样的选择，因为它需要搬到另一个城市，远离家乡。她觉得自己根本不配提出这样明确的要求。在她获得医学学位后要选择专业方向的时候，她也有同样的想法。事实上，她本来想学精神病学，但她觉得自己"残疾"，无法"胜任"，于是决定选择一个当时"工作机会多，而且很容易进入"的专业方向。

过了一段时间，宝拉回想起她和阿尔弗雷多的婚姻遇到了类似情况：没有激情（她在学生时代就有过这样的经历，那时她热烈地爱上了一位年长的医生，又一次被认为是遥不可及的）；相反，这更像是一种受离家的愿望和一系列"合理的好理由"支配的选择……那时我还能指望什么呢？宝拉愁闷地补充道。事实上，阿尔弗雷多是一个严肃而可靠的年轻人，他让她感到安全，因为他的价值观与她自己的家庭文化背景非常接近。

但即使在她的医生生涯里以及在她40岁的时候，许多选择甚至是一些起初对她来说并不重要的小事情，都暗示着她因"不被允许存在"或者只被允许尽可能少地占据重要空间而存在的指令，继续遭受着巨大的痛苦。我将简要概述这方面最有代表性的部分。

宝拉在完成专业学习后就立即被她十年前工作过的医院聘用。她一直认为那里是"地狱",但很长一段时间以来,她从未想过搬到其他地方去,因为"至少在那里他们知道我的缺点和极限……如果我敢去其他任何地方重新开始,我会觉得自己像个残疾人"。在这十年里(包括她进行分析的前三四年),宝拉从来没有取过医院为所有合格的医务人员提供的贴有其名字和职位的白大褂。此外,她从未提交过必要的文件,以获得每名医务主管在任职五年后应得的合法加薪,而且她从来没有上交过月底加班工时的计算单,因为她对去行政办公室感到尴尬和羞愧。多年来,她拒绝了部门主管提出的每一项科学任务,因为她认为自己不能胜任,或者担心自己可能不得不在大会上发言。最后也是同样重要的一点,在我看来,这是一个奇怪但非常具有象征意义的方面:在她的分析进行到第七年左右,她才觉得有公正的理由可以和丈夫讨论增加她每月从银行卡提现零用钱的额度的可能性。

在我们共同工作的十年中,分析让宝拉从另一个角度来看待她的痛苦,并为与(痛苦)相关的冲突和摇摆提供了一个可识别的面孔:一方面,是无法治愈的幻想的存在;另一方面,是希望给自己一个生存的机会,并相信自己能够成长和恢复。

关于这一点,宝拉的故事和其分析的特殊发展使我能够阐明我在本章开始简要提到的一些问题。我特指在移情中的悲剧性重新定位,对父母投入不足的内化以及那种缺乏生活所必需的精神品质的"可怕感觉"的重新出现,这是我之前引用弗兰卡·梅奥提(Franca Meotti)的文章时提到的。

更详细地说,在宝拉的分析中,移情与反移情动力中涉及的精神间认同主要表现为两种结构。在无数次的治疗中,尤其是在她接受治疗的头几年,我发现自己是暴露在她母亲忽视下的小宝拉的化身:每当宝拉重复充满了怀疑、指责和沮丧的行为时,都会发生这种情况。例如,她借口说她只感到痛苦,分析根本没有帮助,因为她是一个绝望的患者。这种姿态(包括言语和非言语),在实际上隐含着一种潜在的破坏性精神戒律:"从我开始进行分析的那一天起,就受到了诅咒。"

在其分析的更后期,我不仅可以识别,而且可以向她展示在移情重复的庇护下,在我们的分析性关系中出现的生命的另一个方面,那就是:圣诞节或暑假期间的中断,对她对分析和生活的投入产生了毁灭性的影响。在过去,这些中断只产生了一些微弱的抗议,没有绝望、愤怒或侵略;然而现在,它们代表了一种从分析师的大脑中"堕胎"的可怕感觉,具体来说,就像她曾经可能真的从她母亲的子宫里流产了一样。在这些时刻,宝拉非常害怕我会完全抛弃她,以至于会无限地"远离"她,并且不仅对她所遭受的被遗弃的痛苦完全不感兴趣和不敏感,而且对她的快乐以及她刚开始的新活动中的相关问题也如此。后者——任何恢复认知的缺失——产生了如此具有破坏性的影响,使她在那些时刻完全感到困惑和迷失方向,以至于不仅要中断分析,而且要"流产"她非常关心的新项目。"我疯了!我在做什么?为什么我要开始这一切呢?我必须放弃一切!我甚至想过要自杀!"这是她在这种情况下反复表达的绝望和悲伤。实际上,她被缺乏信任或恐惧所支配,(认为)我不会有效地支持和祝福她的项目;而是像她心理现实的内在客体一样,我会批评它们,并暗中"诅咒"它们。稳定这些长时间不稳定且容易振荡的重要参数,是她分析的最后几年所面临的困难且复杂的变化性挑战。现在来总结一下,(这些挑战)最后使她能够进行精神间互动的转变,从具有"堕胎性(abortive)"客体的身份认同过渡到具有"萌芽性(germinative)"客体的身份认同。

结　　论

我试图通过描述一个临床案例来说明早期主体间的关系,这种关系如何以一种强大的、无意识的不存在命令为特征,深刻并且破坏性地影响欲望的管理、思考过程和未来的人际关系;事实上,在这个案例中,来自客体的贬低和侮辱造成了真正的精神侵害,它导致了那些被不同作者定义为自我震惊、精神生活的痛苦或精神死亡的情绪状态的出现：一种情感的固着；为了生存而保护自己免受痛苦，降低到最低限度的心智功能。

因此，从广义上来说，这种虐待特别有害和毁灭性的方面主要在于不允许儿童拥有符合其情感需求的体验，从而对个人主体化造成破坏性伤害：一种随时可能被揭开的伤疤，并使原初痛苦再次上演。即使这个人在未来会遇到愿意欢迎他们并有能力理解他们的人，这种痛苦也会阻碍发展出不同的心理存在。因为每次创伤经历重演的危险隐约可见，这种压抑的焦虑促使患者避免任何可能以某种方式导致病情情境重演的可能行为，因此后者无法被记住，因为它从未被意识到，只能像过去一样被重新体验和识别（Ferenczi, 1920–1932）。

温尼科特（1963c, 1974）进一步研究并发展了这一观点，事实上，他假设个人会保留并重复这种创伤变迁（traumatic vicissitudes）的痕迹，不是因为曾经感受到痛苦，而是因为在创伤事件发生的那一刻无法体验它们。在他1974年的著作《崩溃的恐惧》（*Fear of Breakdown*）中，温尼科特最有效地描述了，一些可能在前语言阶段经历了创伤但无法在精神上和情感上记录创伤的人，是如何被对灾难性崩溃的恐惧所渗透的。事实上，这种崩溃非常可怕，因为它已经发生了；的确，对崩溃的恐惧可以是对过去的、尚未经历过的事件的恐惧。温尼科特在这篇论文中承认：

> 他的目的是让人们注意到，在个体生命的开始阶段，崩溃的可能性已经发生。患者需要"记住"这一点，但不可能记住还没有发生的事情，而过去的这件事还没有发生，因为患者没有在那里等着它发生。在这种情况下，"记住"的唯一方法是让患者在现在，也就是说在移情中，第一次体验过去的事情。

因此，创伤将在无法描绘的边缘产生，尽管在孩子的脑海中留下了不可磨灭的、潜在的、可感知的痕迹，甚至在象征意义出现之前就等待着给予有效的（回应）。每一次主体间的体验都会让过去的创伤重演，引起无法忍受的精神痛苦。

这些痕迹也将不可避免地被重新唤醒，尤其是在与分析师的关系中，分析师必须愿意接受、探索并通过与他或她自己内在的创伤潜能工作，以便为患者提供一个新的开始的机会。

参 考 文 献

Bokanowski, T. (2001). Le concept de "nourrisson savant" (The "wise baby" concept). In Arnoux, D. & Bokanowski, T. (eds), *Le nourrisson savant. Une figure de l'infantile* (The wise baby: A representation of the infantile dimension).Paris: Editions, pp. 13–32.

Bokanowski, T. (2005). Variations on the concept of traumatism: Traumatism, traumatic, trauma. *International Journal of Psychoanalysis* 86: 251–265.

Borgogno, F. (1999). *Psychoanalysis as a Journey*. London: Open Gate Press, 2006.

Fairbairn, R. (1940). Schizoid factors in the personality. In *Psychoanalytic Studies of the Personality*. London: Tavistock, 1952, pp. 3–27.

Ferenczi, S. (1920–1932). Notes and fragments. In *Final Contributions to the Problems and Methods of Psycho-Analysis*. London: Karnac Books, pp. 216–279.

Ferenczi, S. (1929). The unwelcome child and his death instinct. *International Journal of Psychoanalysis* 10: 125–112.

Ferenczi, S. (1932). *The Clinical Diary*, Ed. J. Dupont. Cambridge, MA: Harvard University Press, 1988.

Ferenczi, S. (1933). Confusion of tongues between adults and the child. In *Final Contributions to the Problems and Methods of Psycho-Analysis*. London: Karnac Books, pp. 156–167.

Ferenczi, S. (1934). Some thoughts on trauma. In J. Rickman (Ed.), J. Suttie (Trans.), *Further Contributions to the Theory and Technique of Psycho-analysis*. London: Karnac, 1980, pp.216–279.

Freud, S. (1925). *Inhibitions, Symptoms and Anxiety. S.E.* London: Hogarth, Volume XX (1925–1926): An Autobiographical Study, Inhibitions, Symptoms and Anxiety, The Question of Lay Analysis and Other Works, pp. 87–178.

Freud, S. (1938). *Moses and Monotheism. S.E.* London: Hogarth, Volume XXIII (1937–1939): Moses and Monotheism, An Outline of Psycho-Analysis and Other Works, pp. 1–138.

Freud, S. & Breuer, J. (1892–1895). *Studies on Hysteria. S.E.* London: Hogarth, Volume II (1893–1895): Studies on Hysteria, pp. 1–323.

Meotti, F. (1996). Alcune riflessioni sull'inautenticità [Some reflections on unauthenticity]. *Riv. Psicoanal*, 42, 457–464.

Ogden, T. H. (1989). *The Primitive Edge of Experience.* New York, NYC: Jason Aronson. Vallino, D. (2002). Percorsi teorico-clinici sul trauma (Theoretical-clinical journeys about trauma). *Riv. Psicoanal.* 48: 5–22.

Winnicott, D. W. (1949). The ordinary devoted mother and her baby. In *The Child, the Family and the Outside World.* London: Pelican Books, 1964.

Winnicott, D. W. (1956). Primary maternal preoccupation. In *Through Paediatrics to Psycho-Analysis.* London: Hogarth Press and the Institute of Psycho-Analysis, 1975, pp. 300–305.

Winnicott, D. W. (1958). The capacity to be alone. *International Journal of Psychoanalysis* 39: 416-420.

Winnicott, D. W. (1960). The theory of the parent-infant relationship. *International Journal of Psychoanalysis* 41: 585–595.

Winnicott, D. W. (1963a). Dependence in infant care, in child care, and in the psychoanalytic setting. *International Journal of Psychoanalysis* 44: 339–344.

Winnicott, D. W. (1963b). The development of the capacity for concern. In *The Maturational Processes and the Facilitating Environment: Sudies in the Theory of Emotional Development.* London: Hogarth Press and the Institute of Psycho-Analysis, 1965, pp. 73–82.

Winnicott, D. W. (1963c). Fear of breakdown. In C. Winnicott, R. Shepherd & M. Davis (Eds), *Psycho-Analytic Explorations.* London: Karnac Books, 1989.

Winnicott, D. W. (1974). Fear of breakdown. *Inernational Review of Psychoanalysis* 1: 103–107.

第9章　愿你的坚强和你最终的拒绝一样锋利！

珍玛·佐蒂尼

在这一章，我想重点讨论，进化得最充分的心理功能（即表征和象征的能力）和社会纽带是如何建构出空间来滥用和推诿任何主观性的。尤其是，我的目标是反思作为一种虐待形式的"话语"，它将成人的象征性准则暴力地强加于儿童的精神器官上，这一器官必然是脆弱的，它仍然没有完全建立。然而，我会先区分暴力和虐待。

包含某种暴力形式的语言是许多精神分析作家的作品中都会反复出现的主题。然而，我在这里主要是指拉康、奥拉尼耶和拉普朗什（Lacan, Aulagnier & Laplanche），他们以话语和象征的方式更广泛地处理了暴力问题。

拉康（1957）很好地强调了语言的暴力。他声称，人类主体既不能被表征为一个不可分割的整体（作为一个个体，即使这是一个语言层面上经常使用的身份公式），也不能被表征为物质实体。拉康认为，我们出生在语言染缸中，因此引入了"人"的概念，人的主体，即作为一个说话的存在。人的本质不是个性化，也不是精神和肉体的本质。人的本质是语言：话语、口述，由那些先人们所说的语言，从那些创造我们的人赋予我们的第一个名字开始，就把我们确定为主体。因此，人类主体从来不是一个不可分割的整体，他们总是受到他们出生的地域文化、社会以及其中最重要的是语言象征的"切割"。拉康认为，主体起源于禁止存在的整体性，这是由语言的符号秩序和能指强加的。因为语言是存在的，并且来自那些一直先于我们并且把他们的话语强加给我们的人,所以人类被迫放弃其整体性的一部分。正如拉康自己声称的那样,我们生来就是死的。换句话说,拉康想要强调的是,就存在的随意性以及满足他们的需要和愿望、强加一种秩序、与他人交流的规律和社会主体间联系的结构而言,人被迫承认自己对他人的依赖。语言的象征性行为是征服人类,进入一种超越他们的秩序的东西(拉康稍后会声明,语言是超越的真正场所)。但是,在语言层面上,能指与所指、语言符号与话语内容之间存在着分离。因此,所说的话(宣读的词语,语言符号)可能与所指不一致,与话语的内容不一致。对于弗洛伊德式分析师来说,这种说法只不过是对无意识的记录:我们所说的话受制于我们无意识的产物,这一点可以通过口误、双关语来证明,但也可以通过症状来证明,它们也以自己的方式成为象征性交流的形式。同样,人类的主体也只是部分地与符号的集合相符,符号性表征以某种特定的方式识别他们。用拉康的话来说,主体是一个能指为另一个能指所代表的,是分割的,不是一个身份,它不是一个简单的存在,它不包含任何实体,但它的存在是暂停的、延迟的,被允许它存在的同一种语言擦除。这是拉康式的理解原始压抑的方法:有语言的地方就有人类的主体,但同时发生的是整体性被擦除,并且在这种被擦除的情况下(也就是说,它的整体个性)才是明显的:"我在语言中确认自己,但只是作为一个主体或客体迷失在其中。"

这意味着主体总是被分裂(通过与他人交流的规则,这些规则优先存在并构建了它与其他规则的联系),这种分裂分解了主体自身的结构,最终形成了无意识。

奥拉尼耶(1975)也提出了语言暴力功能的概念。该作者认为,从生命的一开始,母亲和父母话语(母亲作为话语载体)的作用就介入了原始的表征活动,而这种介入是通过幻想改变古老功能的结果。母性话语首先产生的影响包括暴力,母性解释的暴力。这种暴力是必要的,因为它将会被排除在外的东西,转换为可言说的、可代表的语域:身体、(生理)唤醒和外部客体从这里得到一个内部可表述的规约,它们构成主体的内部现实。毕竟,知觉和感觉运动元素(更广泛的意义上即生物元素）的转换是作为自我的主体本身。表征的自我是从生物学的这种具有代表性的可能性开始形成的，这种可能性是人类的基石，也是任何生物的基石。因此，如果这种原始暴力是自我发生的必要条件，那么它的侵入决定了那些屈从于它的人转向症状性产物的条件，例如，自我试图重建其历史性现实的原初妄想性思维，（原初妄想性思维）不能失去意义。用一种不同的方式，一种有症状的方式，来保持一个人表达自己的能力，从而维持一个人的存在。

拉普朗什（1987）同样谈到了在孩子和照顾他们的成年人（通常是母亲）之间传递的信息（虽然不一定是口头的）。这些信息提供了一个神秘的商数（an enigmatic quotient），与成年人的性无意识相联系，这必须被翻译以便儿童可以获得欲望和与其他人类的力比多纽带。

因此，话语总是把它的暴力行为强加给人，这个过程是一个人性化的过程：我们可以说，人性就是文化。

什么时候话语的暴力变成了虐待？

我将试图描述在我看来什么是语言的虐待倾向。

话语是翻译的障碍

我认为，这种话语的虐待形式与母亲难以成为话语的持有者有关，这意味着母亲很难对所发生的原始压抑表达赞同。母亲的存在几乎是"沉默"的，母亲带来的话语很少；此时充满了融合幻想的肉体的存在，是母子关系的核心。在这些情况下，母亲这个话语更多地传达了母亲内心因分离的可能性而产生的焦虑。这种焦虑，在青春期，可能表现为对孩子性行为的焦虑。

简介：G

G问我，她对另一个人（通常是她男朋友）的话语的理解是否真实。由于某些原因，一旦她谈到另一个人，比如她的男朋友对她说谎，或者他并不是那么值得，她就必须问我，她是否理解对了。为了验证她刚才说的话，她在一连串的"客观证据"中不停穿梭。她的主观的、个人的想法似乎没有任何价值。作为六个兄弟之后的唯一女儿，她一直通过爱恨关系与母亲联系在一起。从她还是个孩子的时候起，她的母亲就一直要求和命令她长时间待在家里，甚至不让她去上学。为了解释为什么她必须待在家里，母亲对自身明显的身体问题进行了冗长而详细的描述，她说："看看我必须忍受什么。"从而引导女儿来看看和考虑母亲的身体问题或疼痛的部位。然而，这些问题，尽管被绘声绘色地描述，却没有任何临床根据。

事实上，G的母亲患有非常严重的焦虑症，而不是器质性病变。

正如G后来自己所说的，在她的青春期，她的母亲"把她送给了出价最高的人"：G必须订婚，然后嫁给一个有钱人，这个有钱人可以让她过上"一种光彩的生活"。

G遇到了一个似乎能满足她母亲愿望的男孩。但据透露，他患有严重的精神病，这致使他有冲动性暴力，以及性暴力，通常是G要为此付出代价。然而，她的母亲促使她继续与这个男孩在一起。她过去常常对她说"男人就是这样的"。12年后，G与他分手了。关键时刻是她的第二次堕胎，是这个男人强烈要求的。这时候，G找到了离开他的力量。但她开始从一段关系转移到另一段关系。G从不表达任何好的理由以开始一段恋情，也从不表达任何好的理由来分手。她在对身体的抱怨和客观的证据中摸索，试图去理解为什么某个特定的人会在任何特定的时间唤起爱的感觉，以及为什么后来又必须抛弃它们。她对身体的抱怨似乎代表暂时的退出，以便在不断沿着客观证据链运行的时候得到喘息，这可能可以证明她在决定离开某人时是多么正确。此外，客观证据似乎也是爱对方的试验场：对方爱我，他会照顾我。客观的证据就在那里。因此，客观证据意味着令人窒息地寻求、审查和准确评估。然而还有一个疑问：我理解得对吗？除了认同母亲的因素（身体上的问题，更多的是歇斯底里的性质而不是器质性的），G似乎也强烈地显示了她自己主观性的缺陷：不能从自己的感觉或想法开始做出决定。

每一个行动、思想、情感都必须有证据：她的精神生活似乎变成了一个不断进行的科学实验。在我看来，这种主观性的缺失证明了原始压抑的失灵：母性的话语无法充分传达"能指操纵的切分"，它无法充分承担身体和情感的表征功能，因此无法决定母亲和女儿之间身心连续性的一个方面。这种母性话语在某种程度上"虐待"这个孩子，因为它使她习惯于忍受他人的持续存在，容忍身体（而不是表征身体，使之成为心理欲望的工具），忍受这种联系而不是想要或拒绝它。G明显难以视自己为一个主体：她的身份似乎以支持和忍受功能为中心。G支持她的家庭和男朋友（总是有点麻烦），反过来她也总是寻求支持：她的伴侣必须富裕，以便在她无法靠教师的工资维持生计时帮助她，在她生病时必须照顾她，他们必须向着她，并按照她的选择给予建议。我还假设，母性话语不允许主体"自我创造"（因为它既不允许分离，也不允许接近符号），它打开了在身体内创造主体的空间。G是从身体开始分离的：在我看来，G把她的身体暴露在他者的错待中，以取代母性话语无法产生的"象征性切分"，而这种"象征性切分"可能保证了身心的分离、身体的表征、欲望的象征以及与他人的联系。

语词就像地下室

根据亚伯拉罕和托洛克（Abraham & Torok, 1976）的理论，地下室，一个分裂和隔离的地方，是由于精神器官本身的创伤原因而产生的。创伤场景，连同其中常常相互矛盾的力比多力量，被合并进自我的一个位置，这个位置被排除在心理功能的其余部分之外，如同一个地下室。合并是这个过程的主要机制。当内摄失败时，也就是说，当一个外部客体的丧失没有被一个表征的、符号性功能所取代时，合并就会激活。这个表征的、符号的功能，允许它通过自我表征和决定其对主体重要性的驱力因素，在自我中被接收。因此，当这种机制失效时，合并介入：它不是一个动态的、表征性的反应，而是一个对失去的愉悦客体的经济式反应。被保存下来的客体就好像它是真实的客体一样，可能在其知觉-感觉的形式里是一组感知痕迹，这些痕迹不是通过符号和语言元素进行交流，而是通过沉默和不同于口头表达语言来表达自己［例如幻觉或谵妄，如狼人个案中的断指幻觉（Freud，1914），这是一种描述对自己进行阉割的方式，不是用象征性符号的方式，而是用感觉、肉体和幻觉的表达方式］。当地下室形成时，自我认同了自己，或者更确切地说，它与保存在地下室中的愉悦客体融为一体。但它是一种想象的、神秘的认同与融合，并且必须对自我本身保密。只有这样，自我的剩余部分才能继续发挥功用。但也是这样，涉及语词参与的象征性自我活动变得支离破碎。因此，地下室变成排除语词-事物的地方，（存在着）一些不能被符号化的东西，一个必须表明一个（创伤性）事件从未发生的地方。口头语言被更古老的语言所取代，这种语言是身体、器官和器官功能的语言。保存在地下室中的"语词-事物"（包括它所有的知觉和感觉元素）不能进入一种解释的连续线。这种解释需要回到潜意识元素，但它一直是不变的和不可改变的。它可以追溯到其口语原型的来源，追溯到身体、器官和感官的古老语言，它要么看起来像一组要解读的图像，就像字画谜题，要么通过无活力的翻译来表现自己，也就是说，通过其他语言或自身语言中的其他语词的语音音韵，所有这些句子或语词的片段。然而，它是一个没有交流和符号功能的语词，因为它不指代缺失的客体。

事实上，当嘴里没有任何客体的时候，语言就出现了。面对虚空，首先引起哭喊和尖叫，然后是语词，因此客体的存在可以被一种表征所取代，以及被对客体缺席的处理所取代。取代这种缺席的语言，暗示着存在，只能从一群"空嘴"的内部来被理解（Derrida，1976）。通过这种方式，口腔在内摄中充当了一个典型的角色，作为一个只有通过辅助才能说话的身体的沉默之地。一个人说话只是为了代替客体的缺失。相反，合并的幻影在嵌入之前，通过在身体里引入一个"真实的"客体来实现口头隐喻：不能清晰地表达被禁止的词语，嘴将无法言说的东西带进了自身。

地下室中的语词-事物变成了一个隐匿语词。而这个隐匿语词反过来又成为一个从未存在过的事件的痕迹，一个不构成语词表征（潜意识、前意识、意识）

的语词-事物。它既不能识别为一个语词,也不能识别为一个事物。它是一种无声的语词。隐匿语词的目的不是为了表达,而是为了不表达,沿着反语义学道路解构任何意义。

简介:F

F是由我的一个医生同事介绍来的,这位同事也是F母亲的一个朋友。从我们第一次见面,我就认识到这位患者有着非常脆弱的身份认同,这也与她的性取向有关。此外,F没有任何特别的兴趣,她不学习、不工作,似乎对一切都漠不关心。她告诉我她从来没有恋爱过,但是她和男生、女生都有过外遇,尽管没有深入的交往。然而,自从高中毕业后,她就被她的两位老师所吸引,一男一女,都是60多岁的老师,她和他们都发生过性关系,主要是亲吻和爱抚。她总是想着他们,在学校里走来走去只是为了看他们一眼,她不断地给他们打电话,经常试着去见他们。她甚至监视他们的行动和家庭日常生活。我把这两个人和F的父母联系起来,F的父母在F出生时就已经是老人了,F实际上有一个哥哥和一个姐姐。F记得她的父母由于年龄的关系和她很疏远。他们对她的控制欲很强,因为她最小,也因为她经常生病,特别是在她的童年时期。

在F大约10岁时,她的母亲带着最小的女儿F离开了父亲,搬到一个非常富有的老人家里。由于母亲的选择,F的哥哥姐姐切断了与母亲的任何联系,因此F失去了与他们以及与父亲的所有形式的联系,她只在圣诞节和夏季的几个星期里见到父亲。F的父亲在分居几年后突然去世了。F说她对这件事并没有感到很痛苦,因为她从来没有感觉到对父亲有多么依恋。她也没有真正依恋她的哥哥。相反,她和姐姐建立了亲密的关系。她不经常见到她,但是通过电话和电子邮件向她吐露心声,告诉她自己的想法。

当我们在第一次精神分析中相见时,她的母亲陪伴着她,在她离开之前,她对我微笑着说:"请医生帮帮我的女儿。告诉我你和她之间的时间安排,这样我就可以安排好我自己,陪F来见你。你知道我们住在城外。"然后她问我治疗的费用。"你知道,"她说,"F是我的领地。"

在分析过程中,F经常说自己是"她的领地"——她指F的母亲。由于她比哥哥姐姐小得多,且她不可能长时间与已和母亲分开的父亲住在同一所房子里,因此,她不像她的哥哥姐姐那样享受与父亲在一起的相关经济利益。她的母亲为她提供了一切,并认为F是"她的领地"。

这个短语似乎包含了母性话语的虐待性行为:在不能表征为话语的沃土上,F的母亲征服了F的领地——以婴儿F为代表的新世界,并用她理想化的投射殖民了它。母性话语沉入地下室,在那里保留着殖民母性存在的创伤。众所周知,创伤不能被符号化,但它可以被重复。所以F反过来试图殖民另一对父母。当自我在地下室四周分裂时,由F进行的对客体和父母双方的征服运动呈现出变态行为的味道。F需要两年的治疗才能将自己定义为"非常脚踏实地"(意大利语中的"terra"也有负面意思,表示"低下的"人),从而重新打开创伤性话语的坟墓,并从那里走向符号性和表征性话语的道路。

语词作为一个标记,一个符号

如果语言确实标记了身体、驱力、生物和人类物质,那么这种标记也确实可以打破能指链并落入心-身中。正是这个被抛弃、被抹去、被废除的词,在消除的过程中又重新出现。正如我们所看到的,主体诞生于他者,在他者的领域里,从命名开始,它被他者认同为一个特定的其他人。语词标记是特定的,不能上诉,并且大多以一种不明显的方式,被强加在被擦除的主体上,这是异化操作的一种初始时刻。我们可以说,这个"品牌化"的语词构成了某种神秘的能指,它"阻挡"了表征-符号链的开端;它代表着在表征方面的一个绊脚石。这就构建了一个精神病性的妄想症,很好地表明了表征能力的脆弱性和精神能指的崩溃。

在这些情况下,语言以及一般而言是精神装置的表征性的符号元素,成为一个雷区,远离扎根于身体现实(知觉、感觉和行为)中的、受保护的符号区。驱力、自体和身体都被语言侵入。

简介：C

  C是一位50岁左右的女性，患有轻微的多发性硬化症（良性）。她的同事把她介绍给我的一位同事进行分析治疗。他们是一个区级外科部门的卫生操作员。由于C似乎出现了精神症状，所以她被转介给了我，尽管器质性疾病没有再次出现。C看起来抑郁、冷漠，有时脾气暴躁，并且对其工作机构的新经理不满。最近，她增重了不少，常常穿戴不整，有时坐在椅子上就小便，还自称病情恶化了（医生否认了这一点）。她的同事们都很有爱心和耐心，较亲密的同事建议她应该戴上尿不湿，但她拒绝这么做。她不承认自己有困难，她在工作上非常称职，她和手术中的患者关系很好，即使是严重的患者，她也表现出非常关心的态度。她很孤独，她的父母已经去世很久了，因此工作是她生活的核心，帮助她感觉自己是"活着"的。患者声称她不想得到任何分析，因为正如她自己所说的，"她不相信这一点"。然而，她决定接受同事的建议，因为她觉得"很奇怪"，需要找人谈谈。她和两只猫住在一个大房子里，似乎每周见分析师两次，主要是因为她的孤独而不是信念。这位分析师发现自己在想一个等式：两只猫，两次治疗。

  在这段时间之前，C经常和她的同事、朋友出去玩。她去看电影，有时去看戏，有时出去吃饭。之后她完全停止了：这些事情不再让她满意，一切都毫无意义。也许，她说，她需要一个男人，但是她又老又丑，没人要她。C似乎在对自己说："游戏结束了。"那么抑郁的一面呢？分析师问自己。在过去，她和一个同龄人有过一段关系。她说，对于这个人来说，最有趣的事情就是"互相按摩"，有时这样的活动表现出某种反常的形式。然而，在他决定分道扬镳之前，这段关系似乎一直有朋友般的样子。

  在听到这段关系的描述时，分析师认为这可能代表着对一个令人宽慰的对象的某种搜寻，而不是对一个爱的对象的搜寻。在任何情况下，这种描述都和任何情感不相关。

C从不谈论她的身体疾病,她也不把任何记忆或梦带入会谈。她只是宽泛地谈论她在医院的患者,她谈论实际的事情,她与主治医生的争吵,她认为主治医生愚蠢而肤浅。有一天,一件意想不到的事情发生了:在一次治疗过程中,C讲述了她和一个护士因为无法找到其他方法来使患者平静下来,所以让一个患者在床上经历了漫长的物理隔离程序,尽管她知道这种程序会让主治医生大发雷霆,因为他总是尽可能地不诉诸这种干预。在她的叙述中有一些自满,她身体重新前倾,她描述了她的动作,她用力,她跨坐在患者身上的方式,她准备绑的方式,等等。治疗师发现自己在想象这个场景时对她说:"你肯定使用了非常具体的手段。"这些话突然带来了气氛上的变化,C愤怒地闭上了嘴,说她想结束治疗。

发生了什么?分析师问自己。她觉得自己是在黑暗中摸索,或者更确切地说,她被吓了一跳。

C缺席了下一次会谈。当她回来的时候,她沉默了很长时间。然后分析师说:"你看起来很生气。我认为是在上一次治疗中使用的'具体'这个词,激起了你的某些想法。"

这时C回答道:"不是真的……或者更确切地说,是的!我觉得你对我很冷漠,而且喜欢评判我!我已经不相信精神分析了!我不是一个具体的人。"

分析师:"语言也是具体的!一切都是具体的!"接着是长时间的沉默。

分析师:"我想理解更多。"

C:"有什么好理解的?你是一名医生,你应该知道有时候激动的患者必须被控制住。完全制止!"

分析师:"你确定你的意思是完全制止吗?也许你的意思是暂时的停止。当你解释这个场景的时候,我试着想象你(治疗师再次给患者讲述这个场景,在这个版本中使用了一种非常人为的模式,主要突出了身体方面和她的动作)。"

C:"所以你在听我说话……好吧,在你说完之后,(我)突然想起另一个场景。"

分析师（鼓励地）："哦，好，又一个场景……我们现在去哪儿？"

C："奇怪的是，我从未有过这些画面，也很少有回忆，没有梦……有什么可去梦见的呢？但是我想起来了……那时我大概五六岁，我很高兴我的父亲整个下午都带着我，他想让我试着骑马。我们去了马厩……我又高兴又兴奋。一开始很难骑上马，我很害怕。但是一旦上了马，我就找到了我的位置，在教练的注视下，我开始朝我爸爸尖叫，我很兴奋：'看，看！'我斜坐在一边，没有坐正，因为不能马上获得平衡。我爸爸说：'非常非常好。'然后我听到他低声说：'你看起来像一袋土豆。'不用说，我再也没有骑过马。"

父亲的话——"一袋土豆"，烙印在她的身体上，直到身体疾病作为精神成分参与进来。另一个人（父亲）的绝对权力代表着以某种方式确认另一个主体（女儿）的权力，它们的作用并不是来自对新事物创伤的可能表征，但从处理创伤性虐待的角度，不同但可能的身体使用可以被表征和象征。随之而来的是对与身体联系的谴责，这种联系几乎无法被象征和表征，因此被剥夺了欲望，与另一个人也没有联系，深陷于被迫与非人类接触的身体疾病（猫，虽然幸运，因为她至少能够恢复与宠物的某种形式的联系）。被迫采取行动，被禁止采取象征手段。

C继续接受了几年的治疗，甚至有了一些有益的效果：恢复了某种友谊纽带，与同事的关系更加平静，一两次出城度假。

但她的分析师了解到，在治疗结束几年后，患者突然死亡。抑或刑期已满？

参 考 文 献

Abraham, N. & Torok, M. (1976). *Il verbario dell'uomo dei lupi*. Napoli: Liguori, 1992.

Aulagnier, P. (1975). *La violenza dell'interpretazione*. Rome: Borla. 1994.

Derrida, J. (1976). "F(u)ori. Le parole angolate di Nicolas Abraham e Maria Torok". In N. Abraham & M. Torok (Eds), *Il verbario dell'uomo dei lupi*. Napoli: Liguori, 1992, pp. 47–97.

Freud. S. (1914). *Dalla storia di una nevrosi infantile (Caso clinico dell'uomo dei lupi), O.S.F.*, vol. 7. Torino: Boringhieri.

Lacan, J. (1957). "L'istanza della lettera nell'inconscio o la ragione dopo Freud". In *Scritti*, vol. 1, ed. G. B. Contri. Torino: Einaudi, 1974.

Laplanche, J. (1987). *Nuovi fondamenti per la psiconalisi*. Rome: Borla, 1989.

第二部分

防止照料系统枯竭

第二部分有6个章节，描述了一家帮助中心的精神分析师们所开展的工作的不同方面，这些工作是社区外联服务的一部分，旨在帮助受到暴力侵害的妇女和儿童，并可作为这些陷入其中的专业人员的思考空间和资源，同时有助于帮助中心的成员们进一步反思它们的工作。这些章节将根据照料人员所使用的团体技术而分成三个组：里齐泰利与德尔·法韦罗及纳卡里·卡利齐带领工作讨论小组，里索与纳波利及佩莱拉诺与波佐利带领"体验小组"，以及里索谈及精神分析师小组时描述的这样一类小组，她所带领的小组既有组织任务，也要试图了解"表面之下"正在发生什么。柯蒂根据她参加莱斯特团体关系会谈所学到的经验，和斯蒂法诺·博马尔斯一起带领一个小组。这种重复难免会引起一些混乱，柯蒂试图在她的章节对此做出解释。因此我们把柯蒂和博马尔斯的章节放在第一位，然后是里齐泰利与德尔·法韦罗的及纳卡里·卡利齐的章节，这些章节更加直截了当，随后是里索的及佩莱拉诺与波佐利的章节，最后是里索与纳波利的章节。

第10章　都在一条船上

虐待和错待小组的活动

玛丽亚·皮亚·柯蒂和斯蒂法诺·博马尔斯

玛丽亚·皮亚·柯蒂

从2009年到2013年，我作为志愿者在一个救助中心为陷入困境的妇女工作。我意识到大部分需要我们帮助的妇女并不愿意寻求帮助，而且不确定我们是否真的能够帮助她们而不是伤害她们。

只有当她们意识到，作为女性，我们都在同一条船上，试图在一个水流和风向都不利于我们的社会中协商我们的航向，她们才会相信我们。

她们对社会服务的不信任感更甚，同时害怕被社会服务机构虐待。

这些服务机构的运营者看起来有能力且愿意提供帮助，但是在他们如何面对这些女性以及她们的问题上有着实质上的差异。

意大利的公共机构似乎既不承认联合国通过的、由意大利自20世纪80年代以来签署并批准的《消除对妇女一切形式歧视公约》（Convention on the Elimination of All Forms of Discrimination against Women，CEDAW），也不承认2013年意大利批准的《欧洲委员会防止和反对针对妇女的暴力和家庭暴力公约》（Convention on Preventing and Combating Violence against Women and Domestic Violence by the Courcil of Europe，Istanbul，2011）。

《消除对妇女一切形式歧视公约》意识到,尽管不断努力争取权力平等,对妇女广泛的歧视仍然存在。《伊斯坦布尔公约》(Istanbul Convention)承认,对妇女的暴力是历史上男女不平等权力关系的一种表现,这导致了男人对女人的支配和歧视,妨碍了妇女的全面进步,而且在各类暴力行为中明确区分出了受害者和施暴者。

相反,单一的社会服务机构运营者们沉浸在一种制度文化中,这种文化假设理论上的性别平等,并且给"公平"强加了一种如"超级当事人"那样的理论位置,从而妨碍了对男女冲突中权力动力的现实性评估。

在2014年热那亚精神分析中心,有人提议建立一个儿童与妇女虐待小组,我认为这是一个非常有趣的机会,可以进一步学习和体验这个主题。

斯蒂法诺·博马尔斯

我很难谈论我参加虐待和错待小组(Abuse and Ill-treatment,A & I)的动机。它们源于我在热那亚监狱做了两年半的精神科医生和心理治疗师的经历,这是我满怀热情所做的选择。在一个很短的时间内,对这项任务的热情、投入和理想化迎面撞上了一种观点,而这种观点更加现实和戏剧性,有时甚至是悲剧性的。

我所在监狱是一个完整的机构,充斥着日常的不公对待和虐待,(这些不公对待和虐待)表现得像间质组织*,它巩固着和支撑着一个活着的生命体的所有其他组织。

我遇到了囚犯、医生、护士、社工和各种各样的工作人员,他们有动力改变一个不可接受的现实,他们在慢慢地生病而不是遭受同样的暴力、同样的间质组织般的虐待,这种虐待浸透了诸如监狱等地的墙壁和空气。

---

* 生物学概念,间质组织可能是人体内最大的数个器官之一,位于皮肤之下,以及肠道、肺部、血管和肌肉内部,并连接在一起形成由强大的柔性蛋白质网支撑的网络,其间充满了液体。——译者注

乔诺达是一个囚犯患者，他告诉我他有怎样的做梦的能力，他可以在睡觉的时候做出改变，将一个具体而暴力的现实逐渐耗竭，直到这些梦不再变成别的东西而只是一成不变地重演暴力的日间经历。这是他能够在监狱生存的方式，但是，同时，他知道自己已经成为其中活跃主动的一部分。

我相信我辞职是为了不在一个暴力的动力环境中成为主动分子，我知道我的角色意味着一个明确的权力地位。我也知道，只有离开那个我曾如此热情投入的地方，我才能有所作为。

参加A＆I小组对我来说是一个机会，让我尝试了解自己，并找个好地方安置我自身内外的虐待体验。

福柯提到"不存在的地方"，在一次与社会工作者团体的会谈上，我们很确切地描述了监狱这样一个"不存在的地方"的现实、一个虐待的物理空间；也就是说，确实存在一个地方，那里往往非常艰难，甚至不可能做梦。

卡拉，一位社会工作者，谈到了一个在热那亚被称为"洗衣机"的工人街区。她说，每次要去那里都感到很害怕；那里除了水泥和腐朽之外什么都没有。没有绿地，没有商店，只有几家酒吧，可疑的顾客在那里闲逛而令人恐惧。她必须去看望一些身处困境的来访者，但是她觉得自己真的很害怕，而且进入那个地区对她来说很困难。她发现，如果她与宝拉一起去就可以面对这些，宝拉是一位在同一家服务机构工作的老护士。这个地方仍旧是堕落和危险的，但是与一两位同事一起去工作是有可能的（见第13章节）。

我认为卡拉和宝拉很好地代表了我加入虐待小组的原因。

A＆I小组，玛丽亚·皮亚·柯蒂

这个小组的目的在于研究这些问题，并通过不同形式的活动组织起来，与该领域的其他工作人员分享我们的精神分析取向方法。根据不同的训练，我们组织了工作讨论小组、体验小组和基于团体关系取向的小组，它结合了精神分析和系统的视角。我们还举行了会议、培训等。这些活动被认为是外联政策的一部分，近年来由国际精神分析协会执行，意大利精神分析学会也参与其中。

该小组由12位分析师组成，其中9位女性和3位男性，我们最终决定每月会面一次，小组选出一名代表和一名行政秘书。我们逐渐发现，深深的焦虑使得我们的合作非常困难。

我认为有两个主要的问题引起我们的焦虑。

1. 外联政策意味着要走出咨询室以及患者与分析师之间的二元关系，面对外部世界的多样性，这不像我们日常做的那样是私人的、自我的，而是以精神分析师的身份在没有习以为常的设置的帮助下工作。这意味着与个体、团体、机构会面，并在一个尽可能有意义的关系中与他们协商我们的作用和地位。问题出现在前进—撤退、优势—劣势等轴线上。当我们面对不需要认识到这点的其他人时，我们似乎很难在内心保持一种潜在的有益关系。

2. 试图关注暴力意味着进入人际关系中一个令人沮丧的领域。我们很快意识到，这个团体让我们中的一些人唤起了被欺负的感觉，而另一些人则相反，他们没有顺从，正在形成的冲突可能会遭受否认或者道德制裁等。更密切地接触暴力似乎起到了放大镜的作用，聚焦于小组内部发生的每一次违反边界的行为，在某种程度上有助于充分揭示暴力关系的起源。

这些焦虑不仅引起了A & I小组内部的冲突，也引发了该小组与中心管理机构在自由主动—强制控制和言论自由—审查轴线上的冲突。

这些困难让我们意识到我们需要帮助。我们与马里奥·佩里尼先生进行了一次商讨，他是一位研究团体关系的同事，我们同意每个月与他会面6次。斯蒂法诺·博马尔斯和我开始了以下两个小组。

2014—2015：与热那亚市相关机构负责人的小组工作

我们提议召开三次会谈来共同思考与性别有关的暴力问题；有9位人员参

加，其中8位女性和1位男性，包含社会工作者、心理学家和教育工作者。

成员们首先谈到，对于有暴力（无论是躯体、心理或性暴力）故事的家庭，与他们建立联系是多么困难。他们分享了一种毫不相关的、与世隔绝的感觉，并非常难以理解那些生活在这种现实中的妇女的行为。"她们为什么不离开？她们串通伴侣，伤害了孩子们的利益"，等等。

我们意识到，要认同这些忍受虐待的人同时与她们保持距离是多么困难，"这不会发生在我身上"。有一次因为我强加的原因导致分析日期突然改变，我们对这个变动带来的影响进行了分析，这让我们从另一个极端意识到，要认同那些利用自身权力的人一样困难，"我没有那么做，不是我干的！"

成员们开始谈论，为了执行法院判决或者他们所在单位负责的项目，他们感到自己经常被服务机构强迫对父母或孩子施加暴力。

我们已经感受到被强制执行或者付诸行动的糟糕体验，由此常常会让人在这种情况下产生置身事外的感觉，并把它当作与别人有关的事情来生活，"这不是我的决定"。

我们每一个人，小组的主持人和成员，都必须意识到我们是怎样强烈地抵制承认人际关系中暴力的动力，以及这种否认如何助长了推诿和屈服，由此模糊了我们与受害者之间、我们与肇事者之间的边界，并质疑我们的动机。

在这一点上，小组感受到了一种针对我们两个人的无意识敌对冲动，这是通过一个梦表达出来的，梦中一些小偷拿走了他们的证件、开走了他们的汽车。我们被体验为窃贼，抢走了他们作为服务机构代表的身份，根据定义来看，该机构假定在为他们的来访者"做好事"，并有可能自动地假定"所有都是好的，基于良好的信念，带着良好的意图，是个超级当事人*"。

---

* 超级当事人（super partes）：法律用语，如法官一样超越当事人之上的、中立的。

2016—2017：与热那亚郊区小城市相关机构负责人的小组工作

我们召开了9次会谈来共同思考与性别有关的暴力问题。一共有7位成员参加了会谈，与会者里有社会工作者、心理学家和教育工作者，包含6位女性和1位男性。他们去年都参加过由其他同事（里齐泰利和里索）组织的团体活动。

他们开始谈论一位母亲，她似乎对处于青春期的女儿不知所措、无可奈何，孩子的父亲则完全缺席；一家社会服务机构为这个家庭的每位家庭成员提供持续支持，而在帮助女儿的过程中，由于女儿的心理治疗师缺席，出现了暂时性的缺口。似乎这种在支持中的暂时中断可以吞没这张不断编织的人际关系网所带来的一切好处。

事实上，这位母亲在女孩男友的母亲的帮助下，通过在场陪伴和劝说，有效避免了因意外怀孕而产生的隔阂。

我们很疑惑，我们是否在要求这位母亲、社会服务机构和我们自己与一个全能的母亲幻象相吻合，她应该永远提供一切，永不缺席从而显示自己的存在，与此相一致的是一个孩子的幻象，总是需要、永不满足、不能珍惜已经得到的。或者是一个孩子，无法为失去一个永远提供滋养和清洁的子宫而哀悼；无法面对全能幻想的丧失，即成为一个只属于他或她的子宫的主人，可以随心所欲地利用它，从而永远不会体验到对它的需要。一个人无法面对依赖他人生存和获得抚慰的现实，无法面对他或她是否让她（母亲）筋疲力尽的愧疚感。

然后我们谈到了一位鳏居的父亲，他每天都和年幼的女儿待在酒吧里，把她暴露在受到酒友性骚扰的环境中。我们也谈到这个女孩很难对儿童之家的工作人员吐露心声，她受到儿童之家监护实际上是为了保护她。如果没有一个保护性的父母，孩子的整个人际关系结构就会被颠覆，成人变成无法信任的人，甚至很难区分和识别哪些人是值得信任的。

一个男人打了他的妻子，他的妻子被送到医院，年幼的孩子被送到一个儿童之家。我们意识到，这个孩子被安置在一个陌生的环境中，我们对这一事实感到非常沮丧。我们还记得，到目前为止这些孩子们是如何被留在父亲身边的，似乎只要把受害者带走，暴力就可以消失。

当我们需要面对暴力，发现自己仿佛置身于一个没有保护人的未知环境中，我们觉得自己很像那个孩子。我们需要依靠自己做选择，形成我们可以编织的部分联盟。

一个已经收到了禁止令的暴力男人，想要不惜一切代价，出席他孩子们的圣餐。但是孩子们不想见他。社会工作者对母亲有着负面的评价，他们认为她没有做足够的工作来说服孩子们。母亲和孩子们担心父亲会在教堂里大吵大闹。我们疑惑，要求一个母亲强迫她的孩子面对一个危险人物是否是明智的。机构负责人意识到，在这位父亲的态度中存在着一种假设，即孩子是他的财产，而在接下来的会谈中，他们讲述了母亲是如何依靠来自教区的一群母亲的在场支持功能，让她也不再感到那么害怕。父亲和一位兵团的朋友来到了教堂，并一直在旁边没有打扰。当母亲意识到自己想要保护孩子的意图被理解时，她感到不那么孤单，不那么害怕并能够结成新的联盟。当父亲感受到需要有保护作用的成年人在场时，他带来一个可以帮助他维持边界的人。

警方已就一起儿童暴力事件传唤了其中一位工作人员。在电话中，那位警官咯咯地笑着。我们的同事非常愤怒；她预料到警方不会真正地听她的话，也不会相信她，她的话会被大事化小、小事化了。我们想和她一起去；我们不想留她一个人。我们知道当我们独自面对一种试图大事化小、小事化了的文化时，传达虐待的现实是多么困难。在下一次会谈中，她告诉我们，她的话被听到了，她的话被严肃地看待并且她开始建立了新的联盟。

在长时间的怀疑之后，其中一位成员谈到了一个家庭，这个家庭中暴力的父亲已经离开家，但是他坚持要见他的孩子们。孩子们不想见他，一开始也不想在工作人员在场的情况下出席原定的见面。过了一段时间后，他们同意见他，但是小女孩不说话，大一点的男孩公开抗议。这位父亲不明白为什么他的孩子们不想见他，并且坚持在学校前面表现得又大声又激动。工作人员不知道说什么能让父亲理解他必须改变自己的态度。语言似乎是毫无价值的。这个男人有一个小花店，赢得了他所在地区的所有人的喜爱；他无法想象自己是孩子们不适和不快的根源。另一位小组成员说，面对这种情形我们就像那个小女孩一样仍旧无法言说，它们必须是两种截然不同的语言。

在我看来，这种差异不仅仅是语言的差异，也包括沟通的意义和功能的差异。这种对他人幻想的占有让我想到了母亲与孩子之间通过子宫发生的一种产前交流方式。在母体胎盘和胎儿胎盘之间有区分，但是它们如此紧密联系在一起，以至于被认为是一个连续体：胎儿认为他或她拥有这种持续流动的营养、排毒和生物化学上同等的积极与消极情绪。这种亲密联结不需要话语，并可能代表一种生物化学等效的投射性认同。当我们被无法处理的情绪压倒时，我们或许会严重退行到这种心智状态。这个男人似乎期望他的孩子能够实现这种准胎盘功能：他们必须在那里，允许他从他们那里汲取活力，并利用他们来排遣孤独带来的不适。

在一次会谈中我犯了一个错误，迟到了半小时，我以为这是会谈真正开始的时间。当我意识到这一点，我向他们道歉并询问他们是否可以留下来，每个人都同意了。回家后我意识到，我把我们小组的时间和我定期参加的另外一个小组时间混淆了。一个我热爱的、给我带来极大满足感的团体，格里高利圣歌合唱团唱诗班。我们齐心协力地跟随我们的唱诗班主，在完美的和谐中，向全能的上帝发出我们的声音。我是一个无神论者，但是显然我希望这个小组像唱诗班一样，在这里一个全能的大师通过我们向全能的上帝吟唱，而我们保持着无差别和无责任感。与此同时，我迷失在我的全能幻想中，在我共同带领的小组里滥用职权，当我把他们排除在外时，利用成员之间的依赖，在一扇关闭的门前等待，在我们的关系中引入优越感和蔑视的成分。

在这个小组中，我们每个人一起，不得不一次又一次地面对：与我们的无能感有关的焦虑，无法为那些依赖我们的保护的人做好工作而产生的担心，以及我们不得不独自面对危险情境的恐惧——如果我们无法依靠一个网络，这个网络能够理解对自己和那些依赖我们的人感到恐惧意味着什么，且尽力建立在需要的地方。

在下一次会谈中,我们谈论了这个事件,并意识到当我们面对一个困难的任务时,成为全能的幻想的牺牲品是多么容易;我们会寻找某个想象中的超级实体,或者在没有证实他或她的动机的情况下人格化它,我们迫切需要摆脱不确定的感觉和我们在行动结果中的责任感。

一个和心理学学生进行的工作坊

我们的一位同事里齐泰利,联系了热那亚大学,每年组织研讨会让学生们就他们所选的主题与精神分析师会面。

斯蒂法诺和我举办了一场关于性别差异的研讨会:15位学生参加了,其中有8位女性和7位男性。

在第一次会谈中,斯蒂法诺在讲话的时候突然停下来,然后说,他注意到在过去的半个小时里面只有男性说过话,不论他们在工作坊扮演什么角色。

我们被这种倾向以及它发生得毫不费力感到震撼。

我们开始意识到我们甚至没有注意到这一点。

一 些 思 考

我们试图理解这些小组所带来的情境中的动力,两个小组本身的动力,小组成员所属或与之相关的机构的动力:社会服务、司法机关、国家卫生服务以及我们两个所属的A&I小组的动力。

在某种程度上,我们认同了反复出现的模式,特别是,权力的差异似乎很容易导致更大甚至是危险的差异。

那些拥有权力的人,不论是因为体力,还是因为他们在群体、组织或社会中的角色,似乎都会与一种优越感、权利感和自动的善意联系起来,从而促使他们突破他们的边界，在未经允许的情况下侵犯他人的空间、时间和身份。大多数处于从属地位的人似乎很容易服从入侵，试图为虐待找正当理由，甚至违背他们更好的判断力，以增强冒名顶替者（把自己强加给别人）的权力和权利感。其结果是，那些拥有权力的人的私人目标取代了团体的真正任务而被追求。反对这些动力的人往往被认为是麻烦的制造者，并可能成为替罪羊。

例如，在我们谈及的很多家庭中，为孩子们提供一个足够好的、满足他们需要的环境，促进他们作为个人和家庭中有创造力的成员的发展和成长的任务，被满足父亲的需要这一永无止境的任务所取代。父亲既能得到抚慰也被帮助去否认自己的无能感，还被允许排除家庭中所有因他的沮丧而产生的有害因素。

这种动力让我想到布谷鸟把自己的蛋下在小鸟的窝里，然后布谷鸟的雏鸟一旦孵化之后就将寄主的蛋踢出巢外，它们长得比寄主更大，而寄主在繁殖本能的驱使下，最终被饲养的"寄生虫"弄得筋疲力尽。这类冒名顶替者的妻子们从作为母亲的主要任务中分心，而孩子们常常被招募为支持者，并被剥夺了童年。这些退行到了准胎盘期望中的人，似乎诉诸一种繁殖本能，作为人类我们当然拥有这种本能，而这种本能在我们全能的幻想中表现为必须被需要。

根据我们在 A & I 小组中的经验，我们意识到，作为分析师的培训并不能使我们对这种动力免疫，这与性别无关。与此相反，这让我们更容易了解交流中的最原始方面，增加了从我们的任务中分心的风险。这种扭曲在一个有操作性任务的小组中尤为重要，因为作为分析师，我们受过专门训练，不在自己的专业中行动。但是我们的培训最终使我们触碰我们的不适感，并鼓励我们在理解团体、组织和机构中发生了什么方面寻求特定的培训。

第11章　受虐儿童

相关模式的思考

雷娜塔·里齐泰利和卡罗拉·德尔·法韦罗

这是我们花了一年半时间和一组社会工作者一起针对特定暴力主题所做的经验总结。我们的团体会谈在热那亚精神分析中心进行,由雷娜塔·里齐泰利和卡罗拉·德尔·法韦罗带领。

我们对照料人员的要求是,从更深入、更具有参与性的角度来审视暴力主题,通过小组讨论的形式对自己进行审视,以面对由于他们与他们处理的"个案"之间存在巨大的情感距离而带来的困难。他们的目标还包括一个主题:在如此困难的情况下如何应对工作中的"情绪成本"。

在团体会谈的第一阶段我们建立了一种"救生圈"机制,它的内涵是:构建共同的语言和工作领域的可能性。由于大家可以分享他们的个人经验,这有助于促使团队从"学习"和"训练"的心理情景向亲密、直接及更具有参与性的团体互动转变。

照料人员难以信任我们的问题浮出水面,同时显露出来的有,他们不确定培训能否从"说教式"转变为让他们成为自己、发挥作用并进入"三维"的视角。在他们的日常工作中,暴力的呈现千姿百态,这样的转变将使他们能够更好地应对与暴力相关的背后动力。第三维度允许小组成员使用一个"探测器",即洞察力,来"深入"了解暴力情景引发的感受;这也使他们能够专注于关于内在和外在的人际关系以及代际关系中的未知内容。

一种完全孤独的感觉浮现出来，这是他们"独自面对巨大的压力"且无法得到所在组织的支持而导致的。对他们来说，很难与其他组织共享一个工作网络，很难感觉自己是一个可靠网络的一部分，他们感觉无法正常运转，无法存活。

团体工作从一开始就非常困难。在第一阶段，成员们便展现了对自己的经历和幻想的阻抗，并要求我们提供答案和干预方案，换句话说就是"处方"，以防止他们问自己太多问题。由于这个原因，我们一直试图专注于焦虑情绪，并了解其从何而来。

一个小组成员带来了曾困扰她一时的恐惧症问题，这开启一个非常重要的探索领域。她偶尔会照顾她哥哥的小女儿，她这么做时总能很轻松、愉快；然而，她越来越害怕会在大街上把女孩弄丢，这个想法侵入了她。有一个晚上，她带那个女孩回自己的家时，天色越来越暗，她突然感到非常焦虑，于是她给一个家庭成员打电话，让那个人在街上接她。

关于"失去内在小孩"的主题，帮助该团体掌握了一个事实：他们的职业也曾经会对照料人员自身造成潜在的伤害。但是，黑暗、无知只会增加伤害。

之所以会发生这种情况，是因为创伤也会使与创伤经历者保持密切关系的照料人员受到创伤。它以非常微妙的方式（通常是难以被察觉的），深深地渗透到他们的思想中。它渗透到场景中创造了"幽灵"，而不是滋养潜意识幻想。"创伤的语法"是一个不可或缺的叙事维度，也是阐述创伤本身必不可少的桥梁，但又会引发一个难以启航又难以着陆的问题。

接近这种复杂而病态的情况，会带来被"困住"的风险。

心理设置是避免我们与患者混淆或融合之风险的基础。

心理的和后勤的设置（保障）是一个重要的"锚点"。例如，它有助于容纳某些焦虑，这些焦虑的目的仅仅是寻找一个替罪羊，或者在无意识的情况下，倾向于保持沉默和披露不真实，尤其是对那些未成年人。试图保持距离，迅速远离复杂和令人痛苦的工作场所，这源于我们待在一个没有庇护的地方（在那里即使是最脆弱和最该保护的人也没有被庇护）而引起的焦虑。因此，基本信任可能会发生严重的崩塌——上帝陨落——因此我们可能会失去对自己和对他人的信任。

当时，那名告诉我们患上担心突然失去侄女的恐惧症的小组成员，突然神秘地从团体和她的工作地点消失了。很显然，她正在经历一场严重的危机，这是由于她直接处理自己的个人问题而引起的，这些问题打破了所有规则和禁忌，并有可能破坏"基本信任"。为了避免失去自己最敏感、最脆弱的部分，除了消失她找不到其他解决方案。

焦虑不仅来源于在如此困难和令人痛苦的环境中工作，还来源于从人身安全的角度清楚地表明这些工作区域是危险的指示。

然后，成员们可以用强有力的声音谈论那些可怕的案例，他们受到了类似黑手党般的势力所造成的严重威胁。

官方的规章制度被其他野蛮的法律所吞没和无视，被混乱和扭曲所统治——出现"国中国"的现象。

在这一点上，我们能清楚地看到稳固的"心理设置"是多么关键，它应该在定义明确的、清晰的、与工作组共享的干预协议和组织任务的帮助下得到细心的支持。我们还可以看到，在这些设置下，照料人员只有在各方面都受到有效保护的情况下，才能用他们的头脑工作。

一个好的机构和网络式组织的框架能帮助照料人员有机会行使健康的超我功能，或者更确切地说是调节性的父性功能，这允许他们在机构和工作组的支持下继续开展工作。

与此同时，我们最终指出并承接了照料人员不切实际的期望所带来的风险，即一份"用户手册"足以抑制此类工作所引起的强烈情绪。虽然好的工作框架至关重要，但这还不够；在如此复杂而危险的环境中开始工作的先决条件，是希望能为求助于我们的人做些事让他们变得更好。我们相信这些妄想性的期望与他们的阻抗直接相关，即他们可能也需要治疗，是个人的而不是团体的。毕竟，他们并没有严格地与患者分开；他们也需要治疗！

通过接纳他们的焦虑，小组成员开始敞开心扉。他们之所以能够信任我们，是因为他们感受到被理解、被接纳，并且分享了他们的情感。因此，我们可以腾出空间倾听他们的情绪问题和他们深深的悲痛。

"丢失的部分"

在我们看来，临床资料的一个非常有意义而特殊的方面是"丢失的部分"频繁出现。一位照料人员描述了一个"没人愿意插手"的案例，这时她意识到，她从未收集过有关所负责患者的信息。她丢失了他们的电话号码，并且从没有想起要找回它们，尽管她有机会这样做。

另一位团体成员告诉我们，在一次会谈中，曾对家人进行暴力的家族成员，以一种威胁的方式在诊室外等候，这使房间内的气氛充满了焦虑。其他小组成员都强烈同意这种感觉。在团体会谈的第一阶段，我们一起看了一部关于暴力主题的电影［由迈克尔·哈内克导演的《白丝带》(The White Ribbon)］。一位团体成员告诉我们，她遗忘了电影的部分内容，为了将情节拼凑起来，她不得不重新观看。当我们看到的内容引起过多的焦虑和痛苦时，就会产生一种"闸门效应"（Gate Effect）——当内心感到焦虑和痛苦超负荷时，它会自动关闭并不再吸收它们，这样记忆就会失去了创伤情节的某些部分。另一位照料人员说，在翻阅与暴力受害者会面所做的笔记时，他标记的别名是"某些部分"，这部分通常是最痛苦的部分，同时也已经从他的脑海中消失了。另一位小组成员补充说，有时你的大脑没有空间来容纳所有的恐怖情绪。其他成员表示同意，这减轻了他们似乎因无法"将所有事情整合在一起"而无法尽全力将工作完成到最好所产生的内疚感……有时，要克服与全能感相连接的以及由辛劳与麻烦产生的防御，是不可能的。一些情感内容的丢失，或者无法进入脑海中，是因为人们无法忍受，从而将它们排出，并从意识中移除。

我们一起对这些困难进行了长时间的工作。接着，发生了一件事。一位照料人员告诉我们，就在小组会谈后的那个晚上，她做了一个梦：一只野生动物突然闯入了她家，打破了平和安宁，它扑向她，对准她的眼睛，让她失明了。她努力逃脱，但不知为什么，她的梦在这里结束了。源于病态的俄狄浦斯情结的性虐待故事浮出了水面，令人困惑，因此"弄瞎了双眼"。

还有一次，在一次特别悲伤的团体会谈之后，雷娜塔做了一个梦：

> 我正在走路，背着一个非常漂亮的单肩包。然而，我走得越来越困难，我的包变得又重又满，我几乎无法再走下去，以至于我不得不双手提着它，并把它放在前面。我的包变成了一个像突出的、孕妇的肚子的东西。然后，出现了两根在花园中使用的软管，朝包上喷出一些黏糊糊的液体泥浆，也溅到了我身上；那些东西黏在我身上，让我觉得肮脏，难以辨认。我需要付出更多的努力来保护我包里面的东西。

野生动物和突然拥有生命的花园软管都是暴力的、致盲的力量，袋子里努力避免被破坏的重要部分被液态的、黏稠的泥土覆盖。

您可以感受到照料人员的麻烦、艰辛和不安全。他们要把所有东西和自己放在一起，与自己、与患者们一起继续他们的工作。受伤的心灵承载了深深的焦虑，因此全能感在这方面起到了作用，它能够神奇地成功消除悲伤，开始发挥作用。当父母、"母亲和父亲"是毫无意义的术语时，就会接近这样的情况，因为它们与它们应代表的含义恰恰相反；在孩子们的心中，他们并不代表照料、庇护和安全，而是相反的东西。组员们提出了他们神奇的解决方案，"将儿童安置在安全屋中，将他们从家庭中带走"。然而，这通常是以同样暴力的方式实施的；这种从噩梦般的现实中逃离的方式也不过是一种战斗或逃跑的反应。

通过与团队分享他们的经历、尝试共同谈论和包容一切以及创造一个情感环境，他们最深切和最可怕的焦虑会浮出水面。梦见他们的焦虑是可能的，然后去感受它，给它命名，让它回到房间里，因为他们感觉不那么孤独了。这样做，就有可能恢复一个可实施的"心理设置"，而之前它的生态平衡受到湮灭感和无用感的严重破坏和困扰。

这支持了工作网络的必要性,因为当照料人员意识到内外部风险时,他们害怕未来,即小组会谈结束时会发生什么。"风险"还意味着每天接触这种完全破坏性情境的照料人员的危险。他们可以提高对悲伤的防御以保护自己;他们可以针对悲伤采取防御机制:否认、共谋、低估甚至看不见……所有这些,以及在有关方面的贡献下,他们有时会试图操纵现实以使自己获益。我们谈论适应,谈论陷入内在的逐渐腐败,以及对丑陋事物的沉迷,只是为了设法继续下去。

难以应对这种情绪化的情境很容易导致"行动化"。例如,去做远超照料人员角色所要求的工作。这些行动可能是排除过多焦虑的表达方式,一种避免引起焦虑的策略。我们可以将一种自恋的防御机制与前者相匹配:自恋的作用有时会阻止照料人员意识到他被操纵了或犯了错误。这会阻止他重新考虑遇到的情况并找到恰当的解决方案,有效地保护最弱小的受害者。

感觉无助、虚弱和无保护会产生愤怒、入侵感、全能和恐惧的矛盾感,从而以一种全能的方式进入创造极端亲密、认同受害者的相反情境中。在这种情况下,我们会变得恐惧和无能为力。

很明显,我们必须照顾好自己的心灵。团体经验让我们看到,精神分析思维,凭借其内在的探索和了解能力,可以进入一种能够应对和容纳非常深刻的焦虑和痛苦的心理环境。

有一个地方可以表达我们的恐惧、焦虑和经历,无论是有意识的还是无意识的,都为我们提供了一个精神家园,在这里我们可以一起见面,分享我们的经历并处理它,但也可以一起理解、工作和成长。

第12章 "我赤身裸体,而不仅仅是赤手空拳!"

玛丽亚·纳卡里·卡利齐

我选择"我赤身裸体,而不仅仅是赤手空拳!"这个标题来描述我的这段经历,当时我是一个与受虐儿童工作的照料人员团体的带领者。这句绝望的呐喊,是被一个愤怒的社工"扔"给这个工作团体的,这让我们理解到他在与受害者和施虐者的多年工作中,体会到的千般虐待和不公对待的感受。这种突兀而暴力的交流方式,仅仅是一个例子,当你们在与暴力事件密切接触的情况下展开工作时就会发生这样的情况:你可能会变成一个暴力的、原始的人。社会工作者、心理学家、教育工作者、儿童神经精神病学家站在(暴力发生)"领域"的第一线,倾听有关虐待的可怕故事。这要求他们,或者更确切地说,这会迫使他们立即采取行动,提供超出能力范围的补偿。他们的情绪负担是巨大的,往往难以控制。

这个求助的呐喊立即被这个团体"采纳",他们顺理成章地使用这种激烈的沟通方式,开始接触被暴露在外、无力和被剥夺了常用工作工具的感受:赤裸着,手无寸铁。似乎没有什么可以保护他们免受这些暴力情境的(影响)。

在热那亚精神分析中心带领团队时,我选择请他们一起分享工作经历来开启团队工作。我给组员们提了一些问题,让大家开始尝试一起思考,并共同反思:

- 你为什么选择讨论这个案例?
- 它的哪些东西进入了你以及我们的内部?
- 谁在承受痛苦?

当我们试图一起寻找答案时,我们这个小组立刻孕育了一个反思空间。这让我们经历了第一次转变:一些困难和难以消化的东西变成了一些可以被思考的东西。

一位成员在团体讨论中很形象地展现了他对暴力和虐待案例的感受,他是这样描述自己的:"石磨机一会儿就坏了。"

如果你是独自在碾磨虐待议题这块"磐石",如果你不能(与人)一起思考,如果你无法开始进行任何的转换,那么很可能剩下的就是我们无法思考的"磐石",只能慢慢碾磨。

因此,我们试图寻找庇护,我们变得僵化并使用防御机制,如解离、否认、分裂、否定、具体化、付诸行动的企图,同时还包括麻木不仁、愤世嫉俗、听天由命和疲倦。这个团体采纳了"石磨机"的形象,它能全面地描述他们的感受,以及他们所采用的心理防御。然而,即使是石磨机也会发生故障和磨损。最终,他们的情绪负荷将变得难以控制,他们强烈而痛苦地渴望改变工作。他们经常出现心身症状,比如头痛、背痛、发烧、浑身疼痛……如果这些症状可以在团体工作中被解读,往往会收获意想不到的康复。

"石头"是有害的;因为它们不能被消化,更难以被代谢。这个团体以及分享共同经历和从中获得共情的机会,使得他们能够阐述痛苦,他们自己的痛苦或其他成员投射的痛苦。他们可以分享自己的感受,比如觉得自己无力、毫无价值和愤怒的体验,然后树立新的希望。多亏了这些元素,他们可以开始继续进行,从"石磨机"转换为可以思考的状态。

当感觉转化为思想时,心理防御会形成幻觉,提供精神庇护所,有时你可以在这里暂停。

一位成员说:"当我去那些好像被上帝放弃的家庭家访时,我常常会想到一个山里的池塘,然后在那里停留片刻。"远离现实无助于应对它,甚至会使事情变得更糟,会让人生病。上坡时,暂停会有帮助,只要不是永久停留;与从过于残酷而难以面对的现实中逃离截然相反的是,接近理想化。

我们讨论到责任、"错误"："如果卫生和社会服务中心起作用……这就不应该发生……这是政客们的过错，不是我们的过错！我们的人员（从事这样工作的人）很少，而且正在变得越来越少！"

在团队中，当你必须每天处理这些问题时，你会对自己的感受有深刻的理解。暴露自己，虽然是痛苦的但也是必需的，不管你喜欢与否，这种痛苦的意识都会浮现出来，并被团体成员一起分享；他们必须出借自己的生命力，为彻底迷失方向的人提供生命的意义。对此，一位照料人员告诉我们，一位受到虐待的女性告诉他："不用为我操心了，做什么都没用；我妈妈也被打，当她告发我继父时，她被打得更厉害了！"我们一起讨论我们处理特殊情况时的感受，在这种情况下，被剥夺了自信和投诉能力的受害者会矛盾地感到被我们提供的帮助所骚扰。

由于潜意识的动力，这个团体允许成员袒露心扉，并面对自己的情感资源被他们试图帮助的患者抢走后的震惊。这种"盗窃"是秘密进行的，主要是通过潜意识或前意识的投射和认同来进行，这些投射和认同在团体中痛苦地浮现出来。

一个梦完美地反映了团体气氛。一位照料人员非常真诚地告诉我们他反复做一个梦："我梦见自己仰面滑向远处，看不见也不知道发生了什么！我什么都抓不住。"

另一个团体成员描述了一个他反复出现的噩梦。这是一个关于"发生在我们当地面包店的抢劫案"。当你无法如你所愿地为人们提供最基本、最起码的保护时，这种可能成为集体抢劫案受害者的感觉就变得更糟糕。你可以让这种冲突存在于自己的内心，也可以将其用于对抗拒绝提供设立这些项目所需资金的有关当局（比如市政府、法院、领事、卫生和社会服务的负责部门）。

与"痛苦的承受者"日常接触会带来影响，在我们的会谈中，通过理解该影响所引起的情绪变化，会让许多问题逐渐出现：

谁来倾听那些作为故事倾听者的孤独、寂寞？

当繁重的工作和持续的匆忙让你没有给自己的情绪留足够的时间时，你怎样倾听自己的心声呢？

您感到孤独,无能为力:赤身裸体,而不仅仅是赤手空拳!

按照自然的流程,一位成员轻松地向团队展示了他的幻想,提出了一种可以摆脱虐待负担的解决方案:

> 我小时候有一次差点被海浪淹没。在那个短暂的瞬间,我意识到我必须做出选择,否则我就活不下去!挣扎还是随波漂流?我选了随波漂流,而这恰恰把我带回了水面!

我们依次对此进行评论,

> 在采取行动之前,你必须学会保持静止。你必须与压力处于合适的距离,看它在情绪上把你带去哪里;与向你寻求帮助的人保持一定距离,但它还是会给你带来消极情绪。你需要时间和耐心,你也必须学会尊重使用暴力的人,否则你会变得和他们一样。当你在听一些故事时,你可能会想对他们做他们对别人做过的事情……但你不能……为了保护你自己和你的患者,宽容是必要的。为了忍受暴力,你应该更能读懂它的复杂性!

有人因为没有被理解而表示愤怒,甚至他的同事也不理解,还有人在哀悼受害者。"我们一直在听那些破坏正义感的人的故事!"还有人指出,在你无能为力的情况下,你会感到多么内疚,会对服务网络提供的极为有限的帮助感到多么愤怒,因为服务网络没有为照料人员提供任何支持,也没有去听一听他或她面临着多么复杂的任务。

照料人员要求为他们的工作赋予某种意义,但他们却在机构的充耳不闻和权威中,以及施暴者的暴力中被压垮。在这个维度上,你可能会失去自我和职业角色的界限,甚至冒着死亡的风险,"我们无能为力,而他们在嘲笑我们!机构到底站在哪一边?"

团体对缺乏人身保护感到焦虑;大家明确指出,如果处理暴力和虐待的人缺乏法律保护，甚至是人身保护，那么暴力就会像一种传染病。

甚至连我这个团体的带领者，也联想起了遥远的记忆：

> 当时，我在一个提供健康和社会服务的中心工作。我的一个患者是一个小女孩，她被她的兄弟虐待，当社工把她从家里带走时，社工被她的父亲用枪威胁。之后的好几个月，我们都为自己的安全感到担心，我们不知道自己是否放大了自己的感觉，还是真的必须保护自己！

小组指出，在这些情况下，我们和受害者都会感到恐惧，因为恐惧既会破坏组织，也会过度激活，所以有低估或高估危险迹象的风险。如果逃跑的冲动占了上风，就像有时发生的那样，照料人员被转移到其他工作中，这一功能就会失效，他们的情感体验也只剩下一点点。

结　　论

这个团体关注的是照料人员作为"故事见证人"的角色。这些故事往往跨越几代人，照料人员即使无法采取实际行动，他们也充当了记忆守护者的角色。随着他们在时间和空间上的持续存在，他们给了受虐待的儿童和成人回去并重新找回一些关于自己的东西的可能性。必须帮助照料人员思考如何忍耐。对于小组成员而言，忍耐意味着不要僵化地反抗，而要保持生机和活力。他们必须审视自己是否有能力面对无法忍受的情感；面对精神分析师所说的"不可思议"，仔细阅读他们自己内在的以及他们的工作小组内的情绪反应，（这些情绪）包括他们自己的及患者在会谈期间和之后投射的。继续使用我们的体验是必要的，即使它会带来痛苦，我们必须推荐它作为一种永久的工作模式：解读团队的无意识动力，承受团队成员的情感代价，并帮助他们保持自己的角色和精神完整性。

第13章　受虐儿童、照料人员和精神分析师——来自团体的声音

关于模型及其使用的反思

安娜·玛丽亚·里索

2013年夏天，热那亚市的阿里安娜项目（一个针对儿童、青少年和受虐妇女的项目）的经理联系了我——请我担任热那亚精神分析中心的院长。这位经理还是阿马尔替（Amaltea）工作网络的创始人，该网络包括主要的城市医院、普通法院和少年法院的检察官办公室以及热那亚市的社会政策办公室。

热那亚精神分析中心被要求加入工作网络，并向与受虐的儿童、青少年和妇女一起工作的热那亚市政当局的工作人员提供专业知识，对这些人进行培训以让他们在不同部门发挥不同的作用。

通过几次会议，我们大致构建了一个应该并且可以利用团体作为资源的项目框架。

2014年9月，我们中心的一些精神分析家——他们又成立了一个团体——将这个工具提供给了涉及不同级别的虐待和伤害的照料人员；我将试着描述它的临床理论特征。

在来自另一个中心的同事（一位团体和组织的专家）的带领下，参与照料人员团体的同一批精神分析师们组建了自己的团体进行体验。

比昂（1962a，1962b）说过，我们通常说，如果一个人在晚上做噩梦，这是由

于躯体消化不良；不过，我们可以认为噩梦是精神消化不良的结果。

这个人已经积累了一系列的体验，并且在他无法代谢和消化的情绪状况里苦苦挣扎。

梦魇是累积的结果：一个人在焦虑的控制下醒来，他的精神器官受到了极大的影响，不能消化这些体验。

当我们做梦时，我们的大脑试图对所发生的事情进行创造性地工作，并把它转化成一种新产品，即梦，它可以开放给以后做进一步理解。因此，出现在生活中的群集可以成为一个做梦的时空（places-times to dream），梦到他们自己和他人的焦虑，用语言、图像、声音和色彩把它们打包起来一起谈论。

时空之家（places-times homes），在这里，我要介绍一个我们大家都特别喜爱的词：家。在残酷的实践中，人类的情感被逐出家门，被一种自我封闭的思想所挤压。埃里克·布伦曼（Eric Brenman）写道：爱在正常的发展中改变了残酷；你必须做些什么来阻止人类的爱起作用，才能看到残酷的崛起。根据布伦曼的说法，一种特殊的思维狭窄的方式被用来实施并持续实施残忍的行为，目的是完全地消除任何人类情感。布伦曼（1995）用"挤压"这个词来表达一个能变得暴力和残忍的人的心理操作。人类的理解力被撤离、被挤压。这一过程的后果是，有可能实施不人道的残忍行为。历史教育我们，新闻也不断提醒我们，战胜人类的同情和理解似乎是人性的一部分。

当我们参与进来的时候，我们要把家还给什么呢？我们团体里的照料人员和与他们一起工作的精神分析师，试图把家还给什么呢？我想是被帮助的需要，是与他人热切地互动的需要，是对我们的有限性的接受，是对我们正在进行的冒险的承认，因为我们的工作使我们每天都在接触痛苦和由虐待造成的如此深刻的苦痛。

我将在这里将团体作为我们试图在不同层次上使用的一个工具，回顾团体的一些特征，然后我将直接进入临床设置。我使用的临床资料来自精神分析师带领的照料人员团体，以及精神分析师团体本身。

第13章 受虐儿童、照料人员和精神分析师——来自团体的声音

当我说到一个团体时,我指的是一个具有分析功能的团体,我们假设,心智的精神分析功能是从我们在一起(也就是通常所说的"此时此地")的体验中直接观察到的数据开始激活的。

因此,一个团体主要和明确的意图是呈现一种情境,即允许基于直接体验的个体化和相互认可的团体现象。这样的团体将以其本身的性质赋予生命转化和认知功能,而治疗功能将保持在背景中,肯定不会缺席。

毫无疑问,与机构背景的接触是设置中的一个关键特征,强烈影响着团体接触和带领的方式。

我悄悄地把形容词"治疗性的"引入团体功能中……那么,我们是在谈论一种疾病吗?我们说的是什么病?什么隐蔽的疾病被治愈了或者我们将要去治愈?暴力是会传染的,所以我们写了一篇介绍我们小组方案的文章……那么暴力是疾病吗?处理暴力和虐待的操作者是否冒着逐步变得暴力和出现虐待的风险?

那么,治疗方法是什么呢?我们知道,没有一种治疗性的改变旨在获得无痛苦的生活。我们很清楚,不是所有的生活接触都是愉快的:生活是痛苦的,同时是丰富的。恨与爱都是生活本身的一部分。一切暗淡、令人沮丧、沉闷的东西反而与生活背道而驰。

我们应该把照料人员团体视为一种给予免疫的疫苗疗法。这样,已接种疫苗和待接种疫苗的操作人员就可以在与暴力密切接触的情况下工作,避免染上暴力疾病。团体治疗的免疫力能持续多久?我们需要加强剂量吗?我们能不能把团体会谈看作一种必需品,在我们每次感染疾病时在固定的时间提供适量的抗体来对抗疾病?一种血清疗法?那么精神分析师呢?

我相信,团体经历让我们能够多次感染疾病,并在"此时此地"被治愈;我们学习如何利用我们可用的精神和情感资源,不断地跨越和再次跨越某个特定的时刻,从分裂-偏执位,到达一个可能的、特定时刻的安全港湾——抑郁位。

多亏了过去几十年的研究,我们现在可以利用一个原始的模型——它与双

重精神分析模型（dual psychoanalytic model）相关但又截然不同——用于研究群体体验。我们总是可以确定，群体成员之间的关系是多重的、相互同步、相互交织，涉及"主体，同时又是客体；反之亦然"；此外，团体中的动态关系存在于成员和他们自己的"合集，一个被定义为超个人单位的客体"之中，被所有成员共享，包含成员，但也包含在每个单个成员的头脑中（Longo & Neri, 1985）。

我们可以在比昂（1961）关于团体的研究中找到一个新的特定模型的初步构建。根据比昂的看法，团体观察的主要问题是，（精神分析研究的）工作领域……变成了囊括不能在团体之外进行研究的现象。事实上，他们在团体之外的任何工作领域都没有表现出任何活动（Bion, 1961）。

一项从比昂的反思出发的研究，旨在发展出一个适用于团体思维分析研究的模型。

我提出了"翻花绳（the string cradle）"模型来展示一类典型的团体思维发展的动态互动图像（Neri, 1979a, 1979b）。在大洋洲、非洲以及因纽特人居住的一些地区，这种游戏仍然保留着一种仪式和象征性的行为价值。一根两端打了结的绳子，缠绕在一个人的手指上，形成摇篮的形状。其他人则反过来把绳子绕在自己的手指上，每次都获得一个新的网状图案。

团体工作也是跳跃式前进，在这种情况下，通常的时空标志都被悬浮起来。团体逐渐发展出一种认知过程，它构建了一种内在的语言和时空定向，以及一种日益增长的感觉，即其成员属于他们共有的经验情境。

团体中的理解来自一次参与和建立一个智力、情感和幻想的共同领域的机会，我们可以称之为"归属领域（area of belonging）"（Neri, 1979c）。所有成员都平行且同时在归属领域投入这样的幻想，即将其视为一个动态空间，允许每个成员的自体延伸，以及想象将其视为一个自体之外的空间，作为一个整体的团体动力的行为和表达领域。归属领域的建立和稳定容许了部分和整体之间的功能性关系，并有助于克服可能出现在团体中的较少整合的阶段（Neri, 1982）。

我们可以观察到团体与单个成员之间的关系反复摇摆，这对应于在两个焦点之间，个体对成员参与的调节，两个焦点是指：I（individual，个人）和G（group，群体）。团体中的这些波动具有经济调节功能：一旦具有独特功能的个体（位置I）归属某个社会集合时，就会引起难以忍受的焦虑，加上对群体身份的日益丧失感，就会出现朝向融合、去个性化或者更确切地说是去个体化（位置G）的摆动。然而，作为一个群体，在一起混乱地工作（G）会导致成员越来越感到压抑，功能就会回到个体成员身上（再个体化＝I）（Neri，1983）。

团体通过连续的转变来处理归属区域中包含的内容，并以领导者激活的分析功能为导向。

这里可能或多或少涉及进化的思维材料或思维元素；K（认知转变/cognitive transformation，比昂的说法，1965）里的转换的可能性主要取决于这个因素。

这里可能涉及较少进化的元素，它们也经历了一个转变的过程，使它们能够很容易地回到可理解体验的领域中。因此，由于不断增长的思维元素，体验本身也会得到扩展。

在临床资料的帮助下，我现在将试图说明这是如何发生的。我将尝试展示，团体是如何建立一种可能性来相当自由地、充满情感体验地、自我决定地应对，且这种可能性建立在其成员的集体贡献的基础上。

我们将永远记住，正如隆哥和内里（Longo & Neri，1985）提醒我们的那样，每个体验团体也都挤满了寄生虫形态；所以要考虑任何微观病理行为的上升，或者任何夸张或色情性移情类型的行动化。

那些情况会给团体动力带来困难，而且一旦出现，就会破坏维持团体思维的建设性工作水平的可能性（工作团体/working group，比昂的说法，1961）。隆哥和内里（Longo & Neri，1985）还强调，这在临时团体中更为重要，在临时团体中，带领者应该在体验的时间范围内帮助成员进行再个体化。

我们的团体是临时的，这意味着可以每年在一个特定的时间里重复进行，团体时间为10—11月和6—7月。第三个特定时间始于秋季，这是一个开放的团体（成员人数有上限）；这个团体每次都是由新加入的成员和前一年脱落的潜在成员组成。到目前为止，它都是这样工作的。此外，精神分析团体是开放的，任何成员都可以申请加入。去年它又增加了一名新成员。

精神分析师的团体体验是临时的；我们目前正在考虑开始一种新体验的可能性。

在介绍了关于带有分析功能——要解决团体中隐含在认知过程背后的转变因素——的团体的概况后，现在我们来介绍临床资料。

临床资料来自精神分析师团体，来自几个核心精神分析师带领的团体，以及核心精神分析师所参加的体验团体。他们的体验以一种复杂的方式交织和重叠；我在这里试图把它们联系在一起，并突出贯穿其中的红线。

什么都没有发生

一位团体成员告诉我们，在很长一段时间后，他遇到了一位比他年长好几岁的朋友。他知道他的朋友得了重病；他说他的朋友是一个友爱、真诚、乐于助人的人，在他的人生困难时期，他不止一次地向这位朋友求助。他们的这次偶遇发生在一个超市的停车场；他的朋友裹在衣服里，几乎把自己完全遮住了。叙述者坐在自己的车里，准备开车离开这个区域。他感到犹豫不决：自己应该停下来、下车和朋友打个招呼吗？自从朋友生病以来，他一直没有见过他，尽管他经常想去看望他。

然而，总有什么东西使他远离，现在依然如此：一种看到朋友的可怕变化而感到不安和恐惧的感觉，一种闯入被禁止的隐秘处的想法，一种干涉与自己无关的事情而感到羞耻的感觉。如果朋友被认出来，被迫展示他的痛苦和惊人的变化，他可能会感到羞耻。叙述者开车离开了停车场和他的朋友，不太确定自己的决定是否正确。

当天晚上，他做了一个梦，他在团体里向大家介绍了这个梦：

> 我在一家餐厅，打算坐到一张桌子旁，那里有其他的椅子，但已

经坐了别人。我意识到我的朋友、我在停车场遇到的那位,已经坐在这张桌子旁了。我非常惊讶地看到,他的身材很好,穿着一如既往。简而言之,他还是那个与我共同度过多年的朋友,是我非常了解的朋友,没有任何生病的迹象。

团体开始谈论与痛苦的接触,难以接近的、深刻的痛苦,一种改变人们和他们的生活的痛苦;不管是对受影响的人,还是对应该提供帮助的人来说,这种痛苦常常都是很难谈论的。

梦里的选择和生活中的选择一样,可以是不看、不想、不说,否认这样一个痛苦的现实,假装什么都没发生。那个朋友还是原来的自己,那个受虐待的孩子、那个受虐待的女人还在那里,完好无损,而一个声音说:"什么事也没发生。"

这些洗衣机是混凝土做的

它们是城市建筑的一个例子,显然旨在满足该地区当时的住房需求,却是因政治和经济利益问题而引起的。他们破坏了这个地区,把它变成了贫民窟。你不能进入那个破败的地区,用混凝土建成,没有绿色的希望,充满了危险和暴力。一想到要去那里,这群人就感到胆战心惊。寥寥认可的微笑、无声的认同和暂时的理解悬浮在空气中。有人说:"我不想去那儿,不想进入那个地方。如果我一定要去,至少我不想一个人去。"

进入侵犯和虐待就像进入那个寒冷、破败的地区,但也许,在我们的头脑中是否也存在一个让我们处于危险的地方,在那里我们可能会经历无法思考且没有希望的循环?

该区域的混凝土提醒我们,我们的意象缺乏色彩和生动的情感;在侵犯和虐待的现实中,灰色情感占主要地位是生存的唯一可能性。

这个地区没有食品店、面包店或其他任何东西。只有百叶窗用来覆盖那些从来没有开过也从来没有运行过的设施。除了破败、贫困的区域和几家看起来令人不适和悲伤的咖啡馆，那里什么也没有。这个团体描绘的图像很有力量。这个团体正在谈论一个到目前为止他们还无法进入的地方。我想知道他们为什么一定要去那里。如果他们真的需要去那里，那么他们必须得到帮助；他们不能单独去那里。

这个团体的诞生就是要创立一个"开垦荒地"和满足需求的地方，但恐怕如果去了那里，团体就会变成一个破败的贫民窟。洗衣机从来没有工作过，它们不清洁；相反，它们弄脏了。这个生来就有净化目的的团体会变成一个破败、肮脏的地方吗？这个团体可以变成一个混凝土团体，一台混凝土洗衣机，它不清洁反而让它的成员陷入无法工作的境地，产生自己的新鲜垃圾。

> 敌人太强大了，不可战胜……
> "你说
> 我们的行动情况很糟。
> 天色越来越暗了。
> 我们的力量在减弱……
> 但敌人比以往任何时候都更强大。
> 他们的力量似乎增强了。
> 他们表现出不可战胜的样子。
> 我们犯过错误，
> 这是不可否认的。
> 我们的密码乱了。敌人记住了我们的话，把它们扭曲成了无法辨认的东西。"
>
> （Brecht，2015，To the wavering，pp. 130–131）

团体中响起了诗人贝托尔特·布莱希特（Bertolt Brecht）的声音。这个团体正在请一位诗人表达他们的感受。佛朗哥·福纳里（Franco Fornari，1981，1988）

说过，与灵魂受痛苦的人在一起的人，感到自己必须承受无法承受的悲伤。然而，当我们欣赏艺术作品时，艺术家承担了修复我们的悲伤的责任。

这个团体用一位诗人的一些言语给难以表达的事物重新赋予意义，重新开始一个象征性的再创造过程，作为新的思想发展的基础。

> 同时认同施暴者和受害者是很困难的。你同时感受到了强奸犯的罪恶感和受害者的耻辱。你感到羞耻，想躲起来。你感到无能为力和被虐待。出于这个原因，也许你会对一个人感到愤怒，这个人过去遭受了巨大的、不公正的对待，但今天可能反过来成为一个施虐者。他一直要你补偿，他总是不够。

福纳里（1981，1988）补充，这种思维方式非常接近希腊人，他们认为邪恶与阿南刻（Ananke）有关，邪恶就在阿南刻中，是我们出生的内在自然命运。他说，我们的任务是承担自己的责任……诗人承担他的责任……在诗人的帮助下，团体可以承担自己的责任……

> 如果你直面他们所做的或他们所遭受的（事情），有时他们甚至会感谢你。也许是因为，他们觉得你帮助他们看到了发生了的那些可怕的事情。一旦可以面质，你可能会考虑向前迈几步……

一个家庭……帮助

团体的一名成员描述了一幅画，他试图展示该团体的情况，正如他现在所感受的那样：在他的画里，中间部分覆盖着许多大圆圈，用浓郁的黑色和红色涂成。"我在画里"，该组员告诉我们，"我正在穿越所有的圆圈。从右到左，朝向红色更浓的圆圈。然后，我回头看我的路线。画面分为两个水平带；在下面部分，圆圈里面有很多小符号，在上面部分，圆圈里面有两个大符号。"

团体表示，这些圆圈代表了团体所经历的各个阶段；叙述者痛苦地意识到有很多的攻击。新的元素是叙述者所走向的红色；它代表了一种激情，一种似乎还没有被承认的感觉，而这种感觉通过团队工作可以浮出水面。

对这幅画的描述做的更多工作让我们明白，画在下方的符号就像孩子一样小！

它们是否代表照料人员所打交道的受虐儿童？或者代表照料人员本身，他们需要在团体中并得到来自团体的帮助？它们是否代表我们这些精神分析师，需要为我们的团体提供帮助？

对工作的激情让我们所有人都能置身于一个暴力的、有时难以忍受的现实之中，而不会在身体上或情感上逃离。

画的上半部分有两个较大的符号，两个成年人：一个是精神分析团体的带领者，另一个是该团体成员喜欢的一个亲戚。

我们这些精神分析师，在和那些帮助受虐儿童的照料人员打交道时，真的会觉得自己像孩子一样脆弱。对工作的热情能拯救我们，就像由某人暂时扮演的支持我们的成年人角色；这种体验在我们的工作和生活中都很常见。然而，我们每次都必须在自身的内外部寻找和找到它，让自己恢复可能性而不陷入无知和孤独，去扩大视野和重获希望。

> 孩子需要成人对他有特殊的感受力，这种需要在孩子出生第一年的后半段也是继续存在的。当孩子到达一些心理阶段时，他会有一段非常脆弱的时期。即使孩子长大了，他仍会反复需要与父母和其他成人建立一种更孩子式的关系。在我们的生活历程中，会反复出现以下情况，即在感到很沮丧的时候，需要某人承担我们的外部心理容器功能（即使很短暂）。

（Judy Shuttleword, 1993, p. 41）

团体帮助我们思考焦虑……
它就像一个悬挂着的摇篮，包含着……

章鱼团体

楼梯、门、大厅和墙壁出现在团体中。然而，这些边界似乎并没有保护和创造一个让你也能感到安全的地方——隔板和墙壁让声音和声响穿过……团体中的一个成员开始用灰暗、悲伤、疲倦的声音说话。继续做这项工作越来越困难了……不可能了。他所属的组织似乎在发挥破坏作用。随着时间的流逝，他的热情逐渐减退了。他感觉被机械式的组织所摧毁，他变得无力。

团体感到害怕了。章鱼的意象出现了；另一名成员说："我们都像被一只巨大的章鱼抓住了……我们抱怨的都是真的：官僚、竞争、嫉妒和破坏性。但我们常常设法在自己的工作中做一些好的和重要的事情！"团体重新开始。每个成员都讲述自己的章鱼故事，从一个成员到另一个成员，章鱼在这个过程中慢慢变小，直到变成一个非常小的章鱼，每个成员都可以为其负责：把它扔回海里……丢进平底锅里炸……（或许现在有可能提出这样的想法，有时我们是章鱼的一部分；直到这一刻，这次会谈的此时此刻，毫无疑问，我们都曾是它的一部分。）团体再次发现自己有能力再次体验一种可持续的热情。在下一次会谈中，那个曾说他无力应付的成员感谢了团体。

"隆重的"团体

这个团体在第二季度中再次见面；经过一年的工作，它又开始了，不过比前一年晚了一些。它已经改变了，一些成员脱落，一些成员新加入。

介绍开始了：一个平凡且面带微笑的新成员，正式地对所有成员致辞……另一个成员迅速拿起他的外套，穿上它……颤抖着……整个团体都在想：展示？不展示？要不要详细介绍我们自己、我们的工作和我们的资历？

这让人想起了上一年的工作情景："闲聊还是打扫厕所？"

团体在摇摆。另一个成员开始讲述一个可怕的故事：一个小女孩，生活在一个支持性社区里，她在和她的照料人员散步时停在了一个玩具店前。然后，她对照料人员提出了令人困惑而又明确的性提议。多年来，这个女孩一直被卖给出价最高的人；她是被反复虐待的受害者，她学会了卖弄自己的美丽。被选中让她存活了下来。

团体成员开始谈论团体开始得太晚了，他们对此有很多不确定，对团体能否还存在感到担忧。成员担心团体会死掉。团体不知道自己是否足够受欢迎。我们担忧我们无法选择或再次选择。

团体可以赋予它的隆重以意义。

帮派团体

团体在随意变动；出现了情侣和子团体。这个团队已经等了很久的一个新成员来了；他以前有过两次严重的困难。在之前的几次会谈中，团体一直在处理自己对此的担忧和愤怒情绪。一名团体成员开始讲话：在他工作的支持性社区来了三个兄弟。他们以前的体系现在收容难民，而不再是未成年人。

这三个孩子在他们之间建立了一种方式来应对生活中的困难。从一开始，这一小帮派就试图强加自己的规则：例如，他们认为没必要礼貌地问候女校长。社区照料人员们没有采取行动。女校长努力让这三个孩子尊重她认为重要的规则：互相问候、遵守时间表……照料人员不让她参加他们的会议。其中一个兄弟，中间的那个，患有精神疾病，可能是急性精神病发作。他被送进医院。在他住院期间，女校长将他从社区除名；照料人员们反抗，要求女校长辞职。他们想要另一个女校长。

整个团体陷入了混乱：几个成员在个人层面上以一种无序的方式谈论着当前的情况，提供建议、反思和以往的经历。

成员之间的互动变得激动,声音变得大声、暴力,到处都是脏话。想要解决新成员的到来所造成和正在造成的问题变得不可能了。作为接待场所的团体已不复存在。

所谓"女校长"——想要负起责任并将个人和团体的想法、感受和情绪结合在一起的想法,在此时此地被摒弃。带着这样的意识,这个想法在会谈的最后回到了它的位置。

在下次会谈中,团体反思了自己和他们个人的限制,以及为避免精神上的痛苦而必须考虑这些限制的必要性。

受虐儿童、照料人员和精神分析师……来自这些团体的声音

在这些反思开始的时候,我谈到了心智正在变得封闭,以及为了防止这种情况的发生,必须艰难前行和辛苦工作,并不断地促进可能的、新的开启。在我看来,我处理的团体似乎是这项工作的适合设置,我们听到的声音正是这样说的:持续不断的努力是为了扩展感受,反对为了限制个人和群体思想而进行持续的、同时的、系统的努力。

我们必须随时处理愚蠢行为[我在这里用的这个词与布伦曼所说的"意识狭窄(narrow-mindedness)"概念类似,在开始时我提到过]。用比昂的话来说,是某种阻碍自身接受事物过程的表现(Bion, 1957),它为沟通提供了基础。这种障碍有时在一种声音中被察觉,有时在另一种声音中被察觉,有时在整个团体中被察觉,有时来自其他地方阻碍理解。

我们从一个声音开始我们的旅程,这个声音说"什么都没有发生",然后我们听到另一个声音在害怕地说,相反,发生了非常严重的事情,而造成这个后果的人却在说什么都不会发生。另一个声音再次告诉我们,所发生的事情确实非常严重;与几个声音不断地对话,在对话中克服许多困难,概述该团体作为一个

容器的能力。或者更确切地说，团体行为的具体涵容性质，即涵容允许我们修改体验。

致　　谢

谨以此感谢 A. Camisassi，S. Bomarsi，C. Napoli，E. A. Pellerano 和 I. Pozzoli。

参 考 文 献

Bion, W. R. (1957). La superbia. Translation in *Analisi degli Schizofrenici e metodo Psicoanalitico*. Rome: Armando, 1970.

Bion, W. R. (1961). *Esperienze nei gruppi*. Translation. Rome: Armando, 1971.

Bion, W. R. (1962a). Una teoria del pensiero. In *Analisi degli Schizofrenici e metodo psicoanalitico*. Rome: Armando, 1970.

Bion, W. R. (1962b). *Apprendere dall'esperienza*. Rome: Armando, 1972.

Bion, W. R. (1965). *Trasformazioni*. Rome: Armando, 1973.

Brecht, B. (2015). *Poesie Politiche*. Torino: Einaudi.

Brenman, E. (1995). *Crudeltà e ristrettezza mentale in Melanie Klein e il suo impatto sulla Psicoanalisi oggi. Volume 1. La teoria*. Rome: Astrolabio.

Fornari, F. (1981). *Simbolo e Codice. Dal processo psicoanalitico all'analisi istituzionale*. Milan: Feltrinelli.

Longo, M. & Neri, C. (1985). Il gruppo esperienziale nel Corso di Laurea in Psicologia.Riflessioni sul modello e la sua utilizzazione. In *Funzione analitica e formazione alla psicoterapia di gruppo*. Rome: Borla.

Neri, C. (1979a). La culla di spago. In *Quadrangolo, IV, 1*. Rome: Rivista di Psicoanalisie Scienze Sociali.

Neri, C. (1979b). Rappresentazione, costruzione, interpretazione nel gruppo. In *Gruppo e funzione analitica*. Rome: CRPG.

Neri, C. (1979c). La torre di Babele. Lingua, appartenenza, spazio, tempo nello stato gruppale nascente. In *Gruppo e Funzione analitica*. Rome: CRPG.

Neri, C. (1982). Gruppo. Individuo, 1. In *Gruppo e funzione analitica*. Rome: CRPG.

Neri, C. (1983). Guppo. Individuo (oscillazioni e complementarità). In *Quaderni di Psicoterapia di gruppo*. Rome: Borla.

Neri, C. (2004). *Gruppo*. Rome: Borla.

Shuttleworth, J. (1993) Teoria Psicoanalitica e sviluppo infantile. In *Neonati visti da vicino L'Osservazione secondo il modello Tavistock*, Rome: Astrolabio

第14章 痛苦怎么了

需求的演化

艾丽莎·爱丽丝·佩莱拉诺和伊凡娜·波佐利

痛苦怎么了？除了我们在生活中经历的痛苦，还有在工作中经历的痛苦？暴力、虐待、霸凌、丧失、哀悼……可能被处理吗？是修改它们，让它们在某种程度上能够被思考吗？还是要找一个能一起分担、照顾我们的人，以免让这些痛苦拖拽在我们身后使我们不堪重负？团体工作能否成为处理极度痛苦情绪的有效工具？

2014年，热那亚精神分析中心的一些成员收到了社工和卫生工作者的求助；无论是在公共部门，还是私人执业机构，他们的工作都涉及处理诸如轻微虐待和施虐等议题，虽然以不同的方式和不同的工作技能。12名同事——包括正式会员和候选精神分析师———起开会讨论，并成立了一个工作组，以响应他们的需求。我们的目标是思考暴力议题，并提供相应的项目和行动，我们假设小组和团体设置是最合适的方式，并以此开始。

这个小组目前仍然存在，小组由当地执行委员会中经验水平不同、角色不同的成员组成。成员资格可以申请，不过准入前要进行一个评估。我们一开始通过"随机选择"的方式，任命了不同的职位，包括：一名带领者和一名秘书，任期都是一年。

我们每月举行一次会谈；我们认为，在团体中讨论这样的问题，可以获得关于暴力动力最丰富、最直接的体验。感谢成员们之间的持续合作，我们一直致力于寻找应对和改善这一问题的方法。

当时，我们认为回应社工和卫生工作者的需求非常重要，我们为他们提供了一个地方，即每月一次的低价"团体"——作为提供支持和帮助的工具。我们中的一些人选择提出"体验团体"，也就是内里（1985）所定义的：

> 在团体……情境中，从体验分析性主导的团体内部开始，其工作核心是观察团体内部的转化现象，和寻找更适合这个团体工作的因素……它的目的是保持成员之间的合作，增强团体的认知功能。
>
> (p. 171)

在参与该项目的精神分析师的组织下，这个团体目前仍然在继续运作中。他们的目标是提供团体体验，以及通过团体的分析认知功能，帮助个体维护自己的心灵，以免受到不断接触边缘状况的严重影响，这些问题包括：虐待和霸凌，这些情况可能发生在同龄人之间，也可能发生在成人和未成年人之间。

无论是在社工组还是同辈组，我们都发现，要朝着我们的工作目标稳步前进非常困难，尤其当仇恨、虐待和暴力等令人不安的问题正时刻影响着团体成员的情绪时。

在前一组（社工小组）中，一位指挥者的出现，一个被认为是领导者的第三方的存在，提供了保护性的功能，使我们能够研究在"此时此地"是什么推动了团体。

在后一组（同辈小组）中，由于设置不同，我们可能不可避免地要应对自己的暴力议题；团队中，没有人被任命为"超级当事人"来容纳和解释它。

只要一有机会，我们就试图控制和修正它。但通常，尽管我们尽了一切努力，我们还是屈服了，并付诸行动。可以肯定的是：任何人身上脆弱的或"弱小"的部分，最终都会在团体中受到暴力对待。因此，我们在自己的皮肤上感受到了因扮演受害者和刽子手的角色所引起的一系列情绪：内疚、羞耻、羞辱、偏执和敌对。

因此，作为同辈，我们希望在一名被任命为领导者的督导的帮助下来参加团队培训，帮助我们体验这些问题。

该同辈小组最近结束了由中心外部任命的培训师领导的体验团体的第一阶段工作。这是一次非常充实的体验，在此期间——它发生在2017年——该团体似乎再次活跃起来。然而，在培训结束时，这些情况并没有得到解决。压力又回来了，情况甚至比以前更糟。强大但隐秘的冲突、不信任感和诽谤取代了"团体工作"。用比昂的话来说，在被指定的领导者缺席的情况下，识别未被承认的情绪会有将团体推向偏离正轨的风险，以至于我们扪心自问这样继续下去是否还有意义。

我们问自己发生了什么事。一方面，我们认为，由我们正在处理的问题所带来的困难和混乱是不可避免的；另一方面，我们认为，由于缺乏公认的领导，我们无法详细阐述并克服我们陷入的僵局。

可以这么说，问题的解药可能是尽可能诚实地面对自己和他人。与同事沟通，继续自我分析和培训，最重要的是，我们需要相信共同努力（共同合作）可以让我们认识到每个人真正的体验和责任。谦逊谨慎地接受我们在团体中同时扮演两个角色——受害者和刽子手。

这是否意味着"利用难以消化的痛苦"的唯一方法是进入诚实的维度，承认人性的易错性以及我们对分析、培训和关怀的持续需求？

社工和卫生工作者组成的体验小组没有治疗目标，（至少在开始时）也没有意识到需要"被照顾的要求"。但是"燃烧"（激烈的经验分享），和时不时在团体工作中分享如此沉重的问题，导致了团体需求的演变。

我们从这样的一个观点开始反思，在团体设置下分享这些令人不安的问题导致我们需要处理这些已体验到的而不是之前被告知的情境。这对所有成员来说，都是一次痛苦的考验，即使是训练有素、装备精良的成员。我们被我们正在经历的暴力所困,我们无法立即找到任何意义来安慰自己;但我们也感到有必要质疑自己。我们感受到了逃离的冲动,但也接受了在需要的时候留下来,去分享和尝试理解。这是团体的典型特征,充满动力、狂野,有时甚至是残酷,我们在同事之间以及与社工和卫生工作者团体一起生活和思考,但这并非没有困难。我们承认它的复杂性,同时也承认它潜在的丰富性。参加团体工作的同事们重新燃起了继续进行团体培训的愿望;最重要的是,社工和卫生工作者团体要求展开治疗性地运作。

这是社工和卫生工作者体验团体的第三个版本。两名精神分析师管理这些小组:一名作为领导者,另一名作为参与的观察者。他们的主要任务是促进团体的分析功能,保持成员之间的循环沟通水平。每组的成员人数从八(最少)到十四(最多)人不等。团体工作持续一年,有固定的结束时间,每月十次,每次两小时。此外,成员可以重新参加下一届团体,从当年转到下一年,也可以终止他们的体验。

即使团体有固定的结束时间,它们的频率和持续时间也允许这种体验的演变。一个团体的历史和记忆是结构化的,同时也是寻找一种共同语言。

以下材料涉及我们作为领导者在与社工和卫生工作者的体验小组中可以观察到的需求演变。仿佛团体的经历让他们认识到自己"需要分析和关心",并希望领导者能满足他们的愿望。他们的需求是专注于自己的痛苦,而不再是其来访者的痛苦。他们希望使用好自己的痛苦,以更好地应对生活和工作中遇到的创伤。

临床片段

这发生在新版体验小组的第三次会谈中。一些成员现在已经是老成员,他们已经参加体验团体很多年了,还有一些成员是刚刚加入的。这创造了一种沿着成人—儿童维度发展的特殊氛围。

在上次会谈里,我们曾谈到了一个令人同情的故事,关于一个女婴,她在7个月大时就夭折了,因为母亲在她出生后就不再照顾她。

会谈从两个明显分裂的立场开始。成员们的注意力集中在虐待议题上,年幼、缺乏经验和贫困的人经常遭受这些困苦。利用年轻人的不人道的专业人士,与谋杀自己孩子的母亲们一起出现。这个团体似乎在当时生动地表达了死亡焦虑,也表达了对生命、新生事物可能会因为被忽视、没有得到合适的支持而走向死亡的恐惧。

作为对此的回应,其他成员站出来支持父母的角色,他们提醒小组,有时父母也会被他们的孩子谋杀。

这时,仇恨似乎成了这个团体中的主要情绪,不仅有父母-领导者们对儿童-成员们的仇恨,也有后者对于儿童的关注、关怀和治疗需求遭到谋杀的仇恨。

但接下来的发言者提出了不同的观点,试图在两者之间建立联系。该观点认为,母性因素是支持和保护的一个条件。它提供了一个叫"Amaman"(西班牙语,意为母乳喂养)的地方,并在此获得照顾。

阿加莎补充说,她看过一部关于一个母亲谋杀自己孩子的纪录片。她被这个女人的人性所震撼;她并不是面对一个怪物,而是发现了一个人。一个绝望的母亲,她相信死亡是她和孩子唯一的出路。

在我们的团队会谈中,也许这是第一次提出了寻求帮助的请求,尽管是以再次确认需求的形式提出的。羞辱作为仅有的解决方案,与所依赖的理想化母亲团体形成鲜明对比。一方面,团体正在寻求帮助;但另一方面,团体又害怕释放了那种允许承认痛苦和详尽哀悼的功能,于是他们在否认的基础上使用了一种叫退行的保护功能。

作为团队领导者,我们对这次会谈与上次会谈提出的议题的连续性感到非常震惊。仿佛一个女婴被遗弃而死的经历和一个母亲无法意识到这个事实并照顾孩子的情况已经渗透到每个成员身上。体验到一些私密和个人的东西不断地回到团队中。他们以深切的悲痛和卷入的方式讲述自己的生活。

他们似乎在告诉我们:"我们正在受苦,受苦的不仅仅是受虐待的儿童!我们正在受难,你为什么不关心我们?你为什么不帮助我们了解母亲那样做的原因,以及理解那个孩子?"

当我们了解他们真正的求助需求后,我们终于可以再次详尽地讨论绝望的集体阐述问题。在这一点上,芭芭拉想告诉我们一些关于她自己的非常痛苦的事情,因为现在的时间和地点允许她远离它。这同时是一个充满希望的故事。她的外祖母是那些试图杀害自己孩子的女性之一,之后她自杀了。她的两个孩子都活了下来,其中一个是她的母亲,她母亲现在是一名普通妇女。她讽刺地补充道:"不要认为现在一切都好了。我妈妈'不得不切掉她的脑袋'(尽力不使用自己的脑子),她不相信和心理有关的部分,而我是一名心理学家。然后我看着我的女儿,想知道如果她有了孩子后,会发生什么。"她似乎在告诉我们,有些疼痛是无法消化的,为了生存,你需要把它切掉。除非我们努力一起去理解某件事,以防止它再次发生。她是一个坚强的女人,这是她在群体中公认的地位。也许,这就是为什么她有能力如此清晰、直接地说出:我们需要帮助。

然而,这是一个巨大而苛刻的要求,是强加在领导者身上的沉重负担。起初,这很可怕。因此,团队领导者回忆起了一个很难相处的患者的故事,她对这个患者有非常强烈的拒绝感。一位痛苦而苛刻的母亲:很难建立联系,也很难看见她的脆弱。她最近失去了她的父亲,但她无法承认失去父亲的痛苦。

接下来团队领导者唤起对父亲的哀悼,因为该团队长期以来一直否认对此的需求;否认第三种治疗位置的可能性。领导者必须自己承担处理痛苦的责任。

现在有人提出了如何应对痛苦、哀悼和丧失的问题。有一个女人,她的母亲患有阿尔茨海默病,她必须继续"奔跑"才能支撑一切。她迟早会崩溃。

乔治告诉我们与公开哀悼共同生活的意义,特别是当你看着一个人日复一日地变得更糟时。他给我们讲述了他的一个患者的故事,他遇到了同样的情况。患者希望乔治能帮助自己应对这个问题。引入被帮助的可能性使这个患者可以用更深的人性看待痛苦。领导者的患者随后变成了那个在两岁时就被迫表现得像个成年人的小女孩:她不知道如何玩耍,只想学习。这时,团队引入了关于希望的议题，这使得他们的需求和愿望能被听到。

最初的死亡焦虑，即新生儿面临孤独死去的风险，现在可以重新被解释为他们害怕自己的求助需求没有被听到。

这里有一个患者，就是这个团体，他讲述了自己的痛苦和他因丧失而遭受的苦难。并且这里有人可以帮助他。他们寻求帮助，以便更好地了解自己。他们的痛苦的确是他们的问题。他们都想"切掉脑袋"，以免承受痛苦，能够否认痛苦，并且他们拒绝那些相反会鼓励他们分享痛苦的人，就像芭芭拉的母亲不得不做的那样。然而，一个场域，一个具有思考性的空间正在团体中建立起来。在这里，一些有生命力的事物需要被照料；在这里，一些事物需要我们长期和他们一起努力工作。

参 考 文 献

Neri, C., in collaboration with M. Longo and P. Cupelloni (1985). The "Experience Group" in Degree Course in Psychology: Use of the Literary Texts. In *Analytic Function and Training for Group Psychotherapy*, ed. E. B. Croce. Rome: Borla, pp. 171–176.

第15章　小组感到害怕也令人害怕

基亚拉·纳波利和安娜·玛丽亚·里索

在热那亚精神分析中心两位精神分析师的督导下,照料人员小组正进行第三年的会面,两位精神分析师在小组中扮演了不同的角色:一位指导者和一位参与的观察员。

(小组)有7位前两年的(老)成员和4位新成员。上一年小组中的5位成员脱落了;其中3位解释了他们不再继续这一体验的原因。在第二年小组工作即将结束时,他们讨论并修通了这些原因。

在第一次会谈中,我们宣布两位分析师中的一位(与会观察员)将无法参加接下来的两次会议。小组的氛围紧张、焦虑、担忧;有些人疑惑并询问"为什么"。关于"消失"的幻想和焦虑开始成形。扮演观察员角色的分析师将会缺席接下来的两次会谈:这个小组正在发生什么?

"我们需要在哪里结束?"一位新成员胆怯地想讲述一些关于自己的事情、介绍自己、问一些问题,"我很疑惑我能带些什么来到这里。我最私密的情感?还有,我能一直告诉你们我的故事吗?"

这个小组非常害怕,也令人感到害怕。

我们的故事、秘密和忏悔将会在哪里结束?一个会吞没和派遣他们的小组形象似乎正在成形;也许它对人也是如此?我们开始努力反思"消失",我们重复失踪者的名字,回忆他们的故事,并在这一切发生时恢复会谈。小组试图去回忆并理解。

指导者分析师评论说，小组正在试图共同拼凑他们的故事，重温他们的悲伤，他们的错误，他们的丧失。

前几年的成员（都是女性）似乎对一位年轻同事的缺席感到特别遗憾，她曾参加之前的小组，并经常向我们讲述她非常戏剧性的和痛苦的工作事件。去年，这位年轻女士与同单位的一位男同事参加了小组。他们一起谈到了他们极端的困难。在最后的会谈中，他们告诉我们即将被裁员的事情。新来的人很专注地听这个故事，其中一个"老成员"说："我们肯定没有留下一个好印象，这个小组有帮助吗？"它有帮助吗？他们被解雇了？

一位新成员说："我很抱歉你失去了你的小妹妹。"这时，一位精神分析师（与会观察员）用童话故事中惯用的语调，讲述妖怪以及妖怪把他们的小妹妹抢走的可能性。

两位脱落人员没能解释他们的缺席，他们正是在一起工作的男人和女人；那个小妹妹，她已经参加小组有两年了，或许她还想来。妖怪阻止了她吗？"我们现在都是女人。"有人说道。"那我们今年就安全了。"另一些人咯咯笑。"然而，他们都失去了工作，但是他们到这里来是为了学习如何把工作做得更好。"恐惧又回到了小组中，在一个令人安心、同质的群体活动中短暂停留之后，它又回到了内在的迫害领域。

在会谈结束时，一位新成员意识到她还穿着外套，她随后说道："解开纽扣并不容易。"这个小组对你的生活有帮助吗？还是会杀死你？最虚弱的（人）已经消失了，还是即将消失？当然，在这样的情境中，最终会轮到你。你必须隐藏你的秘密，你的脆弱，还有你的个性，你必须扣上纽扣，尽可能和别人融为一体。

第二次会谈开始了：氛围彬彬有礼，镇静且深沉。在外面，在热那亚精神分析中心附近的广场上，一场示威正在进行：我们可以听到叫声、哭声、口哨声和救护车的警报声。然而，小组似乎忽视了外界的喧嚣，并没有失去镇定。在场的精神分析师（指导员）对此发表了评论。小组扣上纽扣了吗，还是无法脱下外套？我们会在外套下面看到什么？

在一段长时间的沉默之后，宝拉生动而充满感情地讲述了她作为一个儿童神经精神病学家的一段工作经历。她暂时把一个青少年女孩从她妈妈那里送走。那位妇女正在她的个人生活和工作中经历一段非常困难的时期。她已经离开了她的丈夫和父母——那个女孩的外祖父母——现在无法帮到她。社工建议将女孩安置在一个儿童收容机构几个月，并在周末的时候尽可能送她回家。宝拉描述了与女孩的母亲和外祖母的联合谈话，这个外祖母却似乎在利用这个机会冷酷地对待她的女儿，如此不幸——她失去了她的丈夫、她的工作。同时，这位母亲对宝拉也很咄咄逼人，试图控制并直接拒绝给予她的帮助，好像信任一个人的能力对她来说太困难了。

宝拉的叙述充满了感情，她讲述的时候，经常暗指缺席的分析师的空椅子。在场的分析师向团体指出了这一点，并想知道团体目前的状况。

这个团体对宝拉试图澄清的暴力事件充耳不闻。一位分析师的缺席使另一位分析师独自处于困难工作环境中。她会设法满足小组的需要吗？小组没有帮助她，反而以缺席的方式阻碍。相反，小组可能会变得咄咄逼人，丧失工作能力。宝拉说明自己的专长，并建议运用团体共同体。

团体再次沟通。为什么那位分析师（与会观察员）缺席？分析师之间会不能和睦相处吗？他们驱逐了其中一个吗？为什么？代际的战争正在进行吗？（担任指导员角色的分析师比担任与会观察员角色的分析师更年长。）谁在照顾小组及其成员？

我们必须再次找到一个目标一致的"共同体"。宝拉是指这个吗？在那个案例中，每个角色都必须被了解。在接下来的会议中，一位成员谈到一位母亲，她面对女儿的学习困难时变得排斥和残忍。

一个无法容忍成员表达其困难的团体的幻想强势回归，一个驱逐那些提到困难的人的团体。一个如此行事的团体，似乎也正遭遇到学习困难，即无法学习如何以一种新的方式工作。

第四次会谈从点名缺席成员开始：有四位。那位缺席了之前两次会议的精神分析师现在回来了。

一位成员,格洛丽亚,开始说:"我不知道这里是不是一个说这些事情的适宜场所。然而,我现在必须减轻重担,这些重担在我身上已经有一段时间了。我即将在一年之内退休,我是一个处理精神康复短程项目中心的负责人。我们的用户,目前为止只有女性,一直在某种程度上自给自足,而项目准备为她们每个人提供三个月的住院服务。几个月前,主任医生换了,他非常年轻,几乎没有社区工作经验;在精神病院实践之后,他不习惯亲自参与一线工作。我相信,仅仅出于经济原因,他决定改变用户类型:他招收了两个低智商的人。更聪明的那一个智商是64……我甚至都不想知道另外一个人的智商。两个疯子,只是等着被转移到疗养院,然后在床上度日。其中一人是个烟鬼,他的一只脚已经没有血了;他们可能不得不截肢。我需要接受这一切,但是,离退休还有一年,我无法忍受这些……我感到生气,是的,我非常生气。"

指导者精神分析师:"再会面并不容易,已经过去了很长的一段时间,(团体因为圣诞节假期在一个半月后会面),我们还能以相同的方式工作吗?有什么变化吗?小组总是有共同目标吗?非常暴力的事件发生了;格洛丽亚正在谈论盲目的暴力,不管任何事或任何人。这个小组还能帮助她吗?这个小组不就是为了对付暴力而成立的?"

弗朗西斯卡:"我认为要你(格洛丽亚)接受项目的变化非常困难。它扰乱了迄今为止你所做工作的意义。"

格洛丽亚:"是这样的。我就是不能忍受这些。"

瑞塔(她脸色发青):"我无法抑制自己的情绪。或许是因为我还没有习惯这份工作,不习惯这个团体(瑞塔是最后一位成员,这是她参与的第二次会面)。我对你(格洛丽亚)的语言感到惊讶,我不习惯……我们正在谈论两个人……两个新来的人……"

格洛丽亚:"抱歉,我非常愤怒;我通常不那样说话。他的名字是彼得罗,他们中的一个名叫彼得罗。"

指导者精神分析师:"这个团体是否重新找到了它存在的理由,是否回到了正确的位置?暴力让人们消失,让人分崩离析:我们正在谈论数字64,脚,有故障的大脑,现在我们有了一个名字:彼得罗?"

格洛丽亚:"是的,他们当然是人。我是带着善意叫他们疯子的!恰恰相反,我甚至挺喜欢他们的。那个智商64、名叫彼得罗的人,在我们第一次见面时,他想尽一切办法希望给我留下一个好印象。无论如何,我不认为我30年的工作是令人沮丧的。"

卡米拉:"我明白你的意思。我已经在一家中心工作并执行一个项目很长时间了;我发现我的一位同事,几乎一模一样地复制了这个项目用在别的地方,他是中心的合作成员而我不是。"

与会观察员精神分析师(在前两次的会谈中缺席):"我相信团体也在谈论我的两次缺席,以及今天我回来了。我是这个团体的一员,在这个团体里我有责任,我应该照顾它。相反,我去了其他地方,去做其他事情。"

指导者精神分析师:"然而,我们正在重新发现一些人:彼得罗、卡拉(第二位精神分析师)。"

帕特里奇亚:"在卡拉说话的时候,我回忆起昨晚的一个梦:我看见一个漂亮的女人,浓妆艳抹,但她的容貌姣好。当我靠近她时,我非常疑惑为什么她化这么浓的妆。我走得越近,就越能清晰地看到她脸上的疤痕,仿佛她的脸被劈成了两半,而疤痕把一些非常脆弱的东西黏在一起,这些东西奇迹般聚集在一起。我吓坏了。她那么漂亮;我明白了她为什么要化妆,她要掩饰自己的伤疤。"

瑞塔:"让我们当面说,像俗话说的那样,有话直说!"

黛博拉:"我今天也非常沮丧。来这里之前,我发现我的一位老师的妻子死于一种退行性疾病。他完全放弃了工作,也放弃了教学,因为帮助她是当务之急。对于卡拉的缺席,我没有察觉到自己在生气。我们已经在另外的会谈中看到它了,或许你(卡拉)错过了一些内容;我不需要再继续谈论这些了。"

指导者精神分析师:"我们是否在处理一种令人担忧的退行性疾病,这种疾病可能会阻止团体,阻碍它的教学潜力?"

与会观察员精神分析师:"那张美丽的脸……一些东西非常美丽……被撕裂了……一些非常暴力的事情发生了。"

宝拉:"它让我想起一张被硫酸损毁的脸。"

帕特里奇亚:"我们当然在之前的会谈上谈论过卡拉的缺席,但是一部分的我,在无法言说的地方,感到非常生气,感到被虐待,非常愤怒,也许会泼硫酸。"

指导者精神分析师提到今天有四位小组成员缺席。黛博拉观察到,实际上,她对其中一位缺席的成员感到非常生气,这位成员请她通知小组关于她的缺席。小组开始谈论缺席,谈论当有人缺席时你感到多么生气和孤独,就像被当作一个物品来对待。

格洛丽亚:"Eine Sache (德语,即 a thing,一个物品),正如纳粹对犹太人说的那样,他们不再是人类,而是一个物品。"

小组继续反思缺席的迫害意义,反思其不可避免的部分,是我们生活的一部分经历,反思通过分享来处理它的可能性。在最后的陈述中,瑞塔讲述了她与一位患者的谈话,他是一个瘾君子:"对于我们找到的任何解决办法,他总是会指出缺少的东西。"

指导者精神分析师邀请小组反思这个谈话,它似乎暗示了小组中的上瘾问题,对我们自身的缺失体验的上瘾似乎阻碍了改变;一种学习缺点,一种经常被报道的群体退行性疾病。

帕特里奇亚为下一次会谈带来了另一个梦:她去了月球而且正试图抱住两个婴儿;一个非常漂亮,胖乎乎的,营养良好;但是她遗憾地意识到,另外一个婴儿消瘦而痛苦。我们唤起了对月球的"征服"……谁知道他们是否真的去了那里……为什么他们去那里……可能在冷战时期这是有意义的……登上月球与前一个梦中非常漂亮的女人联系在一起……这个小组,能够察觉到被疤痕所玷污的脸上的虚假美丽,现在似乎开始意识到自己的"月球"景象已经不可能了;他们需要与痛苦的部分联结。

该小组谈论两位精神分析师；当其中一人缺席时，小组成员尝试将他们放在一起，试图保持虚假美丽的想象（"他们不是两个有着不同角色的人，他们是单一物品"）。结果是可怕的，至少可以说，怪物是可怕的：最好澄清并说出来。小组想知道两位精神分析师的角色；现在很清楚他们有着不同的角色，一位是指导者精神分析师，而另一位是与会观察员。指导者精神分析师对小组负有责任；当然，如果指导者失败了，这个小组也会失败……登上月球似乎也无法保证；其中一个婴儿消瘦、营养不良。

或许登上月球是毫无意义的；有两个小组：一组是营养丰富的、功能良好的、有梦想、可以工作，而另一组，被一对可怕的、无区别的夫妇折磨和迫害。仔细观察这两位精神分析师，看到他们不同的功能或许更好。然而，这让他们暴露在新的焦虑中……小组变得有能力学习，学习到他们甚至可能死亡。

可怕的、迫害性的融合（一种酸腐的、毁灭性愤怒的来源）会让位于差异、让位于人，让位于他们的易错性和死亡，让位于一种新的、"新生的"痛苦吗？

第三部分

法 律 方 面

第16章　保护儿童和评估证据

司法机关在儿童虐待问题上的任务和作用

克里斯蒂娜·玛吉亚

我将尝试描述意大利司法当局在儿童或未成年人遭受性虐待的情况下所扮演的不同的、平行的角色。这是一项具有挑战性的任务，但我会努力，而且我相信你们会原谅我为了让"局外人"理解而过分简单化的叙述。

首先应该提到一个司法机关，它负责接收犯罪行为投诉（对儿童的性虐待是犯罪行为），执行必要的调查去收集证据支持法院的程序，并承担接下来的诉讼，决定监禁或无罪释放。

这样一个我们称之为"普通法庭"的司法机构，由公诉人、一审法官和上诉法院法官组成。它的主要工作包括镇压和惩罚罪犯。它与另一个司法机关同时运作，保持平行关系，我们称之为"少年法庭（司法当局）"。它的工作与其说是惩罚罪犯，不如说是保护和守护受虐待的年轻受害者，使他们远离发生虐待行为的非保护性的、不适当的家庭环境。有时，少年法庭需要保护受害者，保护他们远离无法让他们免受虐待的家庭的伤害。这样的家庭环境，如果不加以适当处理，可能会重复其错误，再次危及孩子的安全。

这种不同的司法权力当局依次包括一个检察官办公室（少年检察官办公室，我本人工作的地方）和一个审判机构（少年法庭），后者受少年检察官委托，决定是否以及如何采取行动保护有关未成年人。

你可以想象，生活中可能有各种各样的情况会让这种行为浮出水面。对儿童的性侵犯同时向检察官办公室、普通司法当局和少年司法当局报告。就青少年受害者而言，他们会向女友或男友、同学或老师，通过无论口头还是文字或图画的形式进行秘密透露。这些往往是向我们各办事处提出报告的主题，这些报告需要在严肃性和真实性方面进行彻底分析。对于年龄较小的孩子来说，暗示通常包含在他们告诉其信任的人的图画或故事中。例如，如果是社区居民，他们可能会向照料人员讲述自己过去的生活；或者和他们的祖母讲述，祖母的评判不会让他们害怕；或告诉他们最喜欢的老师。如果虐待是由家庭之外的陌生人实施的，比如邻居、体育教练、保姆，那么情况就不会那么严重，也没有那么痛苦——而且肯定更容易解决。在这些情况下，规则是，故事大多是由"年轻的受害者"告诉父母，（前提是）这些父母能提供保护并代表孩子可以信任的参照者。

因此，在这些案件中，在法庭上查明真相和对年轻受害者实施治疗要容易得多，而这些治疗通常由父母自己在其照顾职责的范围内负责。

有时，同样的这些父母可以把他们的孩子从令人不安的关系中解脱出来，确保帮助和支持，包括在心理上让孩子感受到他们的同情和团结。

另一方面，如果施虐者是与儿童生活在一起的家庭成员（也许是某个父母），（这种）情况——如你所知——就复杂得多：司法人员必须具有特殊的敏感性和相当的技能。让我告诉你更多关于这两种角色不同但平行的方式。

第一种：刑事诉讼

如前所述，根据意大利法律，司法行动基本上规定了两种途径：一种是刑事途径，从对儿童的性虐待是一种严重犯罪的事实出发。重点是查明事实真相，以支持对虐待者的指控，并收集必要的证据，以便对他们定罪，从而对他们进行惩罚。

更具体地说，涉及的部门和人员包括：

1. 受检察官委托进行深入调查的警察部队；

2. 负责对成年施虐者进行刑事诉讼的检察官，一旦调查完成，收集到必要的证据，将向普通法院申请起诉；
3. 法官，负责根据调查过程中收集的证据判定被告有罪或无罪。

对这类犯罪行为的调查意味着要采取与调查其他普通犯罪（抢劫、贩毒、贿赂等）完全不同的方法。

所有有关各方，包括司法警察，都需要发展在这一特定领域开展工作的具体技能。

心理学家应该经常参加与受害者的面谈，彻底理解受害者的焦虑、恐惧、不情愿，以及其与创伤相关的记忆可能不准确但不是内在的不可靠。

目击者的情绪反应，他们的哭泣，他们使用的某些短语，他们的超脱或表面上的冷静，都应该在记录中加以描述，因为这些都是他们有时采取的心理机制，以保护自己免受精神上的不适，因为这种不适过于痛苦使他们无法忍受。

简而言之，应采用不同于通常的方法来评估这些诉讼中目击证人的可靠性，而一般的警察或法官所掌握的技能组里并不总是包括这些方法。

有时需要专业知识来评估受害者的作证能力，尤其是受害者很年幼的时候。

这就是为什么在大城市里设立了来自检察官办公室的"专门的"法官团队。这些小组几乎只负责调查针对"弱者"的犯罪，包括儿童、妇女、残疾人、老年人等，不仅包括性虐待，也包括罪犯试图制服脆弱个体的情况。

这些公共检察官得到警察部队的支持，警察部队也是专门部队，他们的活动仅限于这个部门，并对这个问题有特别的认识。与此同时，在一些大城市也有专门的法庭。这意味着相同的部分总是处理相同类型的程序，因此意味着在涉及熟悉人类思维机制的问题时积累了相当多的经验。

显然还包括对时间和谨慎性的批判：对受害者的故事进行迅速评估是关键，即使并非总是详尽无遗，特别是如果受害者是一个沟通技能尚未充分发展的非常年幼的儿童。

某些不光彩的指控需要有强有力的证据来支持，以避免制造不存在的"怪物"，对人们和整个家庭造成伤害。

为了保护受害者和确保他们的故事的真实性，使用了一种叫作"审前听证"的方法。这包括让受虐待的未成年人在心理学家的支持下，在法官面前讲述他们的故事。可以使用对抗性程序，这意味着检察官、辩护律师和嫌疑人也参加，所有人在不同的房间里，房间用单面镜隔开，他们可以在证人看不见的情况下参与，并且只能通过心理学家来提问，由心理学家直接和孩子对话。

一旦这一过程完成，就不再需要听取年轻受害者的意见，相关记录将构成诉讼过程中使用的证据。这是一种高度保护的办法，可以在对抗性程序所提供的一切保证下收集永久性证据，而不会使儿童因反复听证和出庭的需要而产生压力，进而受到额外的创伤。

事实上，在我们的法律框架下，刑事诉讼提供了以下两种权利的平衡：受害者抱怨和获得正义的权利；以及无论发生多么严重的犯罪行为，任何被指控的公民都有根本的可以保证其在法庭上受审和被判是否符合防卫的权利。

第二种：未成年人诉讼中对被害人的保护

同时，如上所述，在某些情况下，应采取为受虐待儿童提供保护的步骤，特别当家庭似乎或就是引起虐待的原因时；或者，迫害者因情感和物质上的忽视而受到指责，而这可能促使未成年人与迫害者发生冲突。

如前所述，由少年司法当局负责这方面的工作，有时甚至比针对虐待者的刑事诉讼更迅速。

事实上，确保保护儿童所需的要素比证明个人的刑事责任从而使其定罪所需的要素来得更急迫，也更不具体。

具体地说，儿童的不适和痛苦可以通过几个需要共同观察、评价和重视的因素表现出来，即使它们不是证明犯罪存在的证据。

父母的忽视、粗心大意、冷漠、冷酷无情、操纵或病态自恋不是犯罪，因此不能用于证明父母存在犯罪行为，但肯定能让少年司法当局把孩子从以这种态度作为生活方式的家庭中带走，我们都会将对待生活的这种态度定义为"虐待"，尽管不是犯罪意义上的。

因此，这两个并行但目的不同的司法系统需要由各自的执行者进行对照，以确保实现两个目标。

想想看，举个例子，一个常见的状况是母亲的伴侣对十几岁的女儿实施"家内虐待"：当母亲去工作，女孩被留给"继父"照顾时，女孩在家里受到虐待。在遭受了几个月的性虐待后，这个女孩和一位同学谈起了自己的无力感和痛苦，并说出她曾试图把家里发生的事情告诉在上班的母亲。不幸的是，与她的期望相反，她的母亲并没有相信她，而是指责她试图用她的年轻来挑衅和"勾引"其宝贵伴侣——尤其因为是他在支付房租和部分家庭开支。因此，这个女孩的孤独是无限的，正如她的痛苦一样，直到她设法与她的同学交谈，后者鼓励她把自己的故事告诉一位老师，这位老师立即向当局报告了这件事。

应首先向普通公众检察官办公室汇报，对成人提起刑事诉讼，然后向少年检察官办公室汇报，以采取措施保护受害者，因为担负父母责任的母亲既不保护也不捍卫受害者，反而是施虐者的盟友。然而，两个相反的需求在这里发生了冲突：一方面，女孩应该立即离开家，以尽快远离负面的和有害的影响，以及可能的额外虐待；另一方面，唯一可获得的证据是受害者的故事，但很难得到证实，需要进行更多的调查（视频监控），但是，这就需要让这个女孩在家多待一段时间。

少年检察官办公室迅速干预，要求少年法庭将受害者带离家中，这是值得赞赏和分享的，但也可能阻碍收集更多的证据，这些证据将有助于证明施虐者有罪；如果证据不足，则会令他无罪释放。在这个案件中，后者会对女孩造成额外的严重后果，她会被家人以诽谤者来对待。

因此，在每一个案件中，在意识到两个目标的重要性的情况下，负责刑事诉讼的工作人员和负责保护未成年人的工作人员应该始终面对面，共同工作。只有通过相互交流，评估每个具体情况的特殊性，以及确定每个具体案件需要更多的证据还是保护，他们才能达到惩罚和定罪以及保护的双赢结果。

然后，一旦孩子离开了有害的家庭环境，并且在审前听证会上收集了证据，年轻的受害者就可以开始通过仔细理解事实以寻求康复，并得到国家应该提供的心理治疗的支持。不幸的是，由于给公共保健服务人员的经费和一线员工都严重短缺，护理和康复过程往往很糟糕。而且情况似乎并不一定会好转。

普通司法当局和少年司法当局的一个关键问题是，他们是否有能力理解什么时候报告的性虐待是假的和工具性的，有时甚至只是"觉得或感觉"到这点。最常见的案例是，在一个冲突的分离过程中，父母中的一方指控另一方对孩子实施性虐待。在这些情况下，具有高度自恋人格的父母，无法忍受分离带来的挫败感，似乎愿意通过操纵孩子来报复他们的前伴侣，甚至会设计一个由另一方实施性虐待的假象。在警察面前、在检察官和法官面前报告这些"事实"，并在各个阶段重复这些指控。

孩子们与他们认为是最强大的、心理上依赖的父母保持一致，经常忍受父母的压力，对不存在的事实深信不疑。通常，他们向调查人员报告虚假的故事，只是为了让他们的父母高兴，他们之间的纽带非常紧密。

检察官和警察部队的专业技能，再加上顾问的支持，首先就会质疑，然后查明这些投诉的真实性。他们能理解某些父母所造成的危险，这些父母准备碾压自己的孩子，为了报复被背叛和抛弃。

没有专业一线工作者来仔细检查故事情节，没有孩子与病态父母的迅速分离，就可能会制造出不存在的怪物，孩子和被诽谤的父母之间就会产生障碍和隔阂，而且无法修补。

值得注意的是，这样的情况可能会激发每个一线工作者的情绪、识别过程和逃避现实的无意识机制——无论是法官、警察还是律师。这种情况对一线工作者来说可能是痛苦的，因为它们影响了被视为"快乐和舒适的天堂"的家庭神话。

一线工作者的风险是通过过度简化、使用刻板印象来逃避这种痛苦，而不考虑每个人的背景经验,这应该是众所周知的。缺乏专门技能和不能对所有这类案件采取高度批判性的眼光可能会给有关各方带来额外的痛苦,而不是带来有益的结果。

我将以这样的评论结束:一个糟糕的行为——即使是出于最好的意图——也可能成为针对受害者的某种形式的额外暴力。

必须保护儿童不受任何形式的剥削。